JISHU JIANDU DIANXING ANLI FENXI **KAIGUANLEI**

技术监督典型案例分析

开关类

国网四川省电力公司　组编

中国电力出版社
CHINA ELECTRIC POWER PRESS

内 容 提 要

技术监督是电力系统安全生产的重要保障，在电力设备的设计、采购、制造、安装、检修等关键环节中必须严格执行各专业技术标准和管理规定。

本书为《技术监督典型案例分析　开关类》，分为三章，包括组合电器、断路器、隔离开关和开关柜。

本书可供从事技术监督的相关人员学习使用，也可供电气工程专业师生参考。

图书在版编目（CIP）数据

技术监督典型案例分析. 开关类 / 国网四川省电力公司组编. —北京：中国电力出版社，2020.3（2020.7重印）

ISBN 978-7-5198-4376-2

Ⅰ．①技…　Ⅱ．①国…　Ⅲ．①电力系统–技术监督–案例②开关–技术监督–案例

Ⅳ．①TM7

中国版本图书馆 CIP 数据核字（2020）第 030340 号

出版发行：中国电力出版社

地　　址：北京市东城区北京站西街 19 号（邮政编码 100005）

网　　址：http://www.cepp.sgcc.com.cn

责任编辑：罗　艳（yan-luo@sgcc.com.cn，010-63412315）

责任校对：黄　蓓　常燕昆

装帧设计：张俊霞

责任印制：石　雷

印　　刷：三河市万龙印装有限公司

版　　次：2020 年 4 月第一版

印　　次：2020 年 7 月北京第二次印刷

开　　本：710 毫米×1000 毫米　16 开本

印　　张：6.5

字　　数：114 千字

印　　数：1001—2500 册

定　　价：50.00 元

《技术监督典型案例分析 开关类》

编 委 会

前　言

　　技术监督是电力系统安全生产的重要保障，在电力设备的设计、采购、制造、安装、检修等关键环节中必须严格执行各专业技术标准和管理规定。随着四川电网的不断发展，新技术、新设备、新工艺的应用，全过程技术监督的内容更加丰富和重要。根据目前技术监督工作面临的形势和要求，针对生产实际中出现的开关类设备的故障（缺陷）案例进行全面梳理、经验总结和深入分析的基础上，编写了《技术监督典型案例分析》，以典型案例分析的方式强化读者对技术监督标准和规定的理解。本书为《技术监督典型案例分析　开关类》，汇编的典型案例是四川电网开关类设备近几年发生的典型缺陷和故障，包括组合电器、断路器、隔离开关和开关柜，涵盖物资采购、基建安装、运行维护等多个环节。本书适合于电力设备技术监督运维人员、开关设计制造技术人员以及电气工程专业师生等。

　　本书汇编的典型案例是国网四川电科院设备状态评价中心变电技术人员在多年的工作中，深入分析、不断总结、长期积累得到的，感谢同事们对本书的大力协助。典型案例中涉及的相关供电公司、开关厂家，在资料收集、案例分析中提供了支持，在此一并感谢。

　　由于时间仓促，书中难免存在疏漏之处，望广大读者批评指正。

编　者

2019 年 11 月

目　录

±800kV 换流站 500kV GIS 5223 断路器 C 相弹簧机构缺陷分析

一、案例简介

±800kV 宜×换流站 500kV GIS 近期有 4 台断路器的液压弹簧机构出现油泵频繁打压现象，每 20s 打压 3s 左右，并伴有疑似排气声，且无论断路器处于分闸还是合闸状态，机构打压均十分频繁。该现象分布在 5142 断路器 C 相、5143 断路器 B 相、5241 断路器 A 相和 5223 断路器 C 相。8 月 1 日，5223 断路器 C 相的液压弹簧机构已整体更换，更换后的操动机构各项测试符合要求，已投入运行。

二、案例分析

1. 缺陷查找

宜×换流站 500kV GIS 型号为 ZF15 – 550，断路器操动机构为 HDB – 5 型液压弹簧机构，与 HMB – 8 型液压弹簧机构十分相似。目前，某省境内三座特高压换流站交流场所用的 GIS 均为 ZF15 – 550 型，其中复×站 GIS 断路器采用 HMB – 8 型液压弹簧机构, 锦×站和宜×站 GIS 断路器采用 HDB – 5 型液压弹簧机构。

上述两种液压弹簧机构的断路器在无操作情况下，油泵每天启动 20 次（每月 600 次）是允许的。油泵每天启动 20～40 次，操动机构应被监视。如果每天超过 40 次，应该通知生产厂家。目前宜×站的上述 4 台断路器液压弹簧机构的油泵打压次数已远远超过每天 40 次上限, 现场排除了控制油泵启停的叠簧行程开关及相关二次回路的原因后，说明操动机构存在液压油渗漏的可能性极大。

2. 缺陷分析

9月5日，对5223断路器C相被更换下的液压弹簧机构返厂进行了解体分析。基于该操动机构的结构特点，首先检查了液压弹簧机构的外观，发现机构外表面无渗漏油现象，弹簧无破损断裂。鉴于该机构运行时在分闸、合闸位置均频繁打压且分闸、合闸、储能操作数次后缺陷依旧存在，说明单纯是内部液压油中杂质卡涩活塞或密封圈位置导致高压油路向低压油路渗漏，并不足以解释该缺陷原因，主要原因应与机构存在液压油内漏有关。现场对该操动机构进行了油泵打压测试，发现工作模块的常低压油箱不断有气泡冒出，这也说明了机构存在内漏，如图1-1所示。

现场进一步将操动机构解体，按照该型机构的六大模块进行检查，重点检查储能模块和工作模块。检查储能模块时发现，位于控制阀和叠簧行程开关之间的储能模块存在问题，内部的储能活塞杆表面有明显的不均匀黑色刮痕，如图1-2所示。其他两个储能模块无此现象。叠簧储能与释能过程中，该储能活塞杆高速运动，并与金属挡圈相互摩擦作用，但由于该储能活塞杆与金属挡圈之间的安装位置存在明显偏差，对中性差，导致相互间接触不均匀，在储能活塞杆上留下了较深的黑色刮痕，如图1-3所示。

图1-1　油泵打压测试时常
低压油箱不断有气泡冒出

图1-2　储能活塞杆表面
有明显的不均匀黑色刮痕

检查工作模块的常低压油箱，油中有些许黑色杂质。取出工作活塞杆后，检查油路中常高压部分，即常低压油箱下部，发现常高压部分的锻铝件内壁存在明显的破损，即一条裂缝。该裂缝从常低压油箱底部延伸到工作缸的常高压油部分，如图 1-4 所示。该裂缝的存在造成机构工作缸内部高压、低压油路间的密封圈密封不严，存在内漏，使得无论机构处于合闸或是分闸位置，机构压力始终无法正常保持，油泵频繁的启动打压以维持正常油压。

图 1-3　储能活塞杆与金属挡圈之间的位置关系　　图 1-4　工作缸内壁存在明显的裂缝

该裂缝在液压弹簧机构中的具体位置如图 1-5 中深蓝色粗线所示。深蓝色粗线上部连接着常低压油箱，深蓝色粗线下部连接着工作缸内常高压区域，位于工作活塞杆上部。图 1-5 显示的是操动机构处于合闸位置。当操动机构处于分闸位置时，该深蓝色粗线连接的上部区域仍是常低压油，下部区域仍是常高压油，如图 1-6 所示。

3. 结论与建议

综上，由于位于控制阀和叠簧行程开关之间的储能模块内，储能活塞杆与金属挡圈之间的安装位置存在明显偏差，导致叠簧在储能与释能时高速运动中，三个储能模块的出力不均匀，三个储能活塞的位移不完全一致，再加上断路器投运后近百次分合闸及储能释能（包括运行时正常操作和检修试验时的操作），工作缸始终承受着瞬时压强非常大的不均匀力，导致工作缸中心的锻铝件内壁最终发生振裂，该裂缝从常低压油箱底部延伸到工作缸的常高压油部分，造成机构工作缸内部高、低压油路间密封不严，使得机构压力无法正常保持，油泵极其频繁的启动打压以维持正常液压。

3 <<

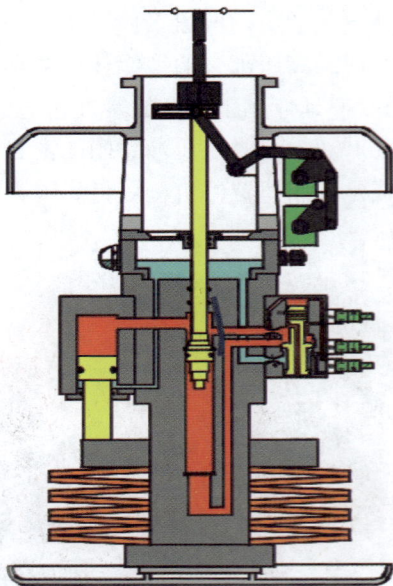

图 1-5　工作缸内部的裂缝在机构的位置（机构处于合闸状态）

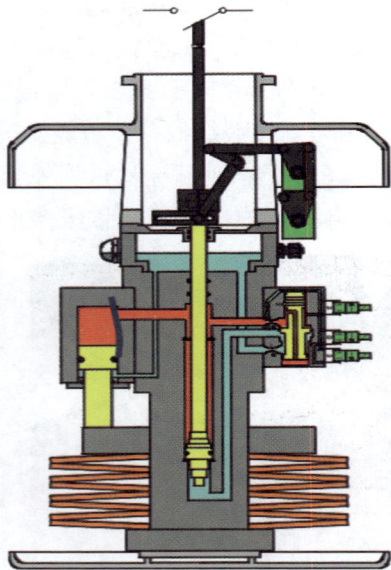

图 1-6　工作缸内部的裂缝在机构的位置（机构处于分闸状态）

　　由此，建议将宜×站存在同样问题的另三台 GIS 断路器停运，将其液压弹簧机构尽快更换。同时，开展宜×站和锦×站的 GIS 断路器液压弹簧机构隐患排查，密切关注操动机构日常打压次数及频率，如果存在与宜×站 5223 断路器 C 相类似的问题，应尽快停电检查，防止该危急缺陷发展扩大。同时，鉴于解体的操动机构内液压油杂质较多，建议停电检查时先对机构进行滤油，清洗管道，然后注入合格的新油，利用多次的打压、泄压和分、合闸断路器，把液压系统内残余脏物排出，最后再把液压油放掉，彻底清洗油路。排除油中杂质导致打压频繁的原因后，如果机构仍存在频繁打压缺陷，需返厂进行检查处理。

±800kV 换流站 500kV GIS 5153 断路器 B 相故障分析

一、案例简介

　　2016 年 1 月 30 日 15:24:54，复×换流站 500kV GIS（ZF15-550 型，2010 年 7 月投运）5153 断路器合闸（5153 断路器间隔接线如图 1-7 所示），极Ⅰ低端

换流变压器充电，15:26:17 换流变压器差动保护跳闸，15:26:18 500kV 2M 母差保护动作跳闸，跳开 2M 母线侧所有边断路器。故障前运行工况如下：

（1）宾×Ⅰ、Ⅱ线运行，向×Ⅱ、Ⅲ、Ⅳ线运行，泸×Ⅰ、Ⅱ、Ⅲ线运行。

（2）500kV 1M、2M 母线运行，500kV GIS 设备室 5212、5213 在检修状态。

（3）61M、62M、63M、64M 母线运行，交流滤波器在热备用状态，5624DK 高压电抗器在热备用状态。

（4）500kV 变压器 511B、512B 运行。

（5）站用电Ⅰ回、Ⅱ回运行，Ⅲ回热备用。

（6）复×直流双极双换流器在闭锁状态。

主要事件记录见表 1-1。

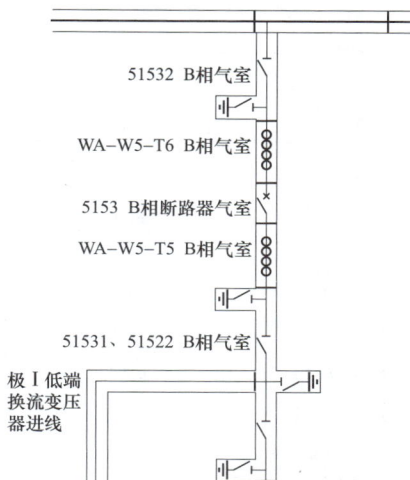

图 1-7　5153 断路器间隔接线图

表 1-1　　　　　　　　　主 要 事 件 记 录

时间	主机	事件	备注
15:24:54.576	ACC5A	交流场断路器 WA.W5.Q3（5153）合	极Ⅰ低端换流变压器充电
15:26:17.887	CCP122A/B/C	换流变压器保护差动保护跳闸	极Ⅰ低端换流变压器跳闸
15:26:17.923	CCP121	WA.W5.Q3 A/B/C 相拉开	
15:26:18.091	CCP121	极Ⅰ换流阀 U2 断电	
15:26:18.860	RCS9794-PR	500kV Ⅱ母母线保护 A/B 柜 BP_2B 差动保护出口动作	500kV 2M 母线跳闸
15:26:18.880	RCS9794-PR	极Ⅰ低端换流变压器保护 A/B/C 柜 RCS977D 差动 B 相动作	

二、案例分析

1. 故障查找

Ⅱ母母差保护装置 A 故障录波如图 1-8 所示，发现Ⅱ母母线大差 B 相电流达到 45007A（4000×15.91/1.414）。母线差动保护动作定值为 2000A，达到了动作定值，保护正确动作。

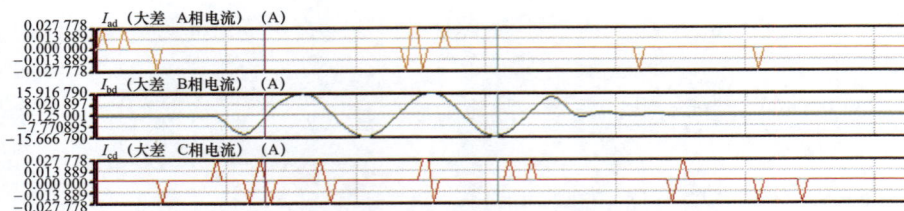

图 1-8　Ⅱ母母差保护装置 A 故障录波图

极Ⅰ低端换流变压器保护装置 A 故障录波如图 1-9 所示，发现换流变压器大差 B 相电流达到 $13.57I_e$，换流变压器引线差动 B 相电流达到 $21.26I_n$（30.66/1.414），换流变压器差动速断保护动作定值为 $6I_e$，换流变压器引线差动保护动作定值为 $1I_n$，都达到了动作定值，保护正确动作。

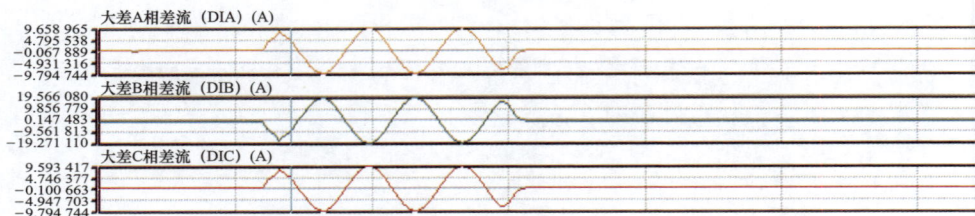

(a)

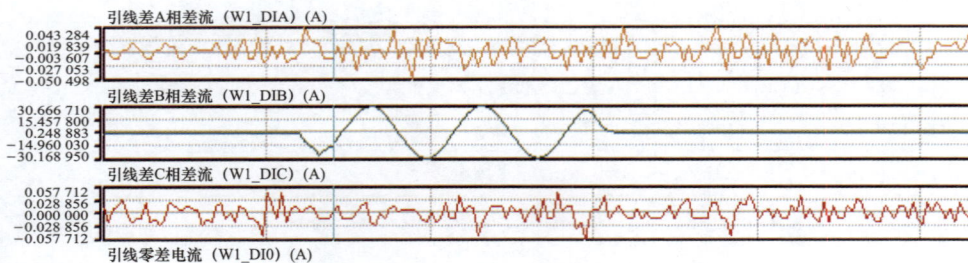

(b)

图 1-9　极Ⅰ低端换流变压器保护装置 A 故障录波图
（a）换流变压器大差电流；（b）换流变压器引线差动电流

对Ⅱ母母线侧 10 个边断路器保护柜的录波进行检查，保护均有启动信号，且故障电流大小波形基本相同。除第五串外，其余边断路器相关联的线路保护或滤波器母线保护都没有动作。

通过事件记录的分析，极Ⅰ低端换流变压器保护及Ⅱ母差保护同时动作，极Ⅰ低端换流变压器差动保护取自第五串 T6 和 T3 以及极Ⅰ低端阀侧套管电流互感器，极Ⅰ低端换流变压器引线差动保护取自第五串 T6 和 T3 以及极Ⅰ低端网侧套管电流互感器，Ⅱ母母差保护差动电流取自第五串 T5，且根据对所有边断路器保护的检查结果，故障定位于交流 500kV 第 5 串 T5 与 T6 电流互感器之间（即 5153 断路器本体）。故障断路器见图 1－10。

2016 年 1 月中旬复×站年度检修期间对极Ⅰ换流变压器保护开展常规校验工作，对 5153 断路器开展了高压试验，经核查试验结果（包括机械特性测试、回路电阻测试、气体各项试验）均正常。现场对 5153 B 相断路器两侧电流互感器及其隔离开关、接地开关观察窗进行内窥镜观察，51532 B 相、51531 B 相隔离开关均在合位，515327 B 相、515317 B 相接地开关均在分位。

图 1－10 故障断路器

对 5153 B 相间隔各气室进行 SF$_6$ 气体分解产物测试，发现 5153 B 相断路器气室中 SO$_2$ 含量严重超标（144.8μL/L），H$_2$S 含量稍高（5.6μL/L），说明气室内部发生了不涉及固体主绝缘的放电故障；其他气室测试均正常。

断路器气室底部沿着合闸电阻下方散落有合闸电阻隔片碎块、碎粒及粉末。断路器气室内所有器件均覆盖有灰白色粉末，如图 1－11 所示。合闸电阻串靠近主断口侧均压罩下部有放电烧灼留下的孔洞，对应的外壳内壁也有放电烧灼

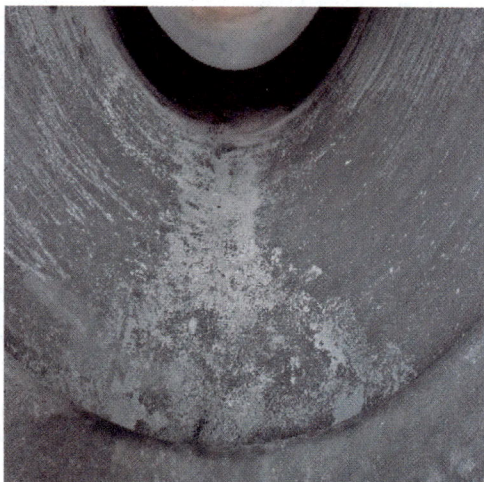

图 1－11 断路器气室底部散落的碎粒及粉末

痕迹，如图 1-12 所示。5153 断路器合闸电阻串中许多电阻盘片出现烧灼和龟裂，其中一串的绝缘支撑杆及大部分电阻盘片均有烧灼痕迹，另一串只有在靠主断口侧挡板与靠主断口侧均压罩孔洞之间的部分的绝缘支撑杆及电阻盘片有烧灼痕迹，靠母线侧部分基本完好，如图 1-13 所示。合闸电阻辅助触头的动触头及喷嘴表面均有短路大电流流过留下的烧灼痕迹，如图 1-14 所示。

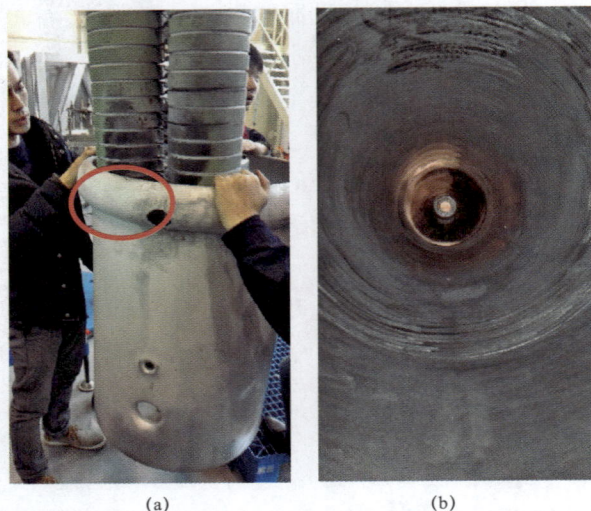

(a)　　　　　　　　　　　　(b)

图 1-12　合闸电阻串靠近主断口侧均压罩下部及对应外壳内壁的放电烧灼痕迹
（a）均压罩下部；（b）外壳内壁

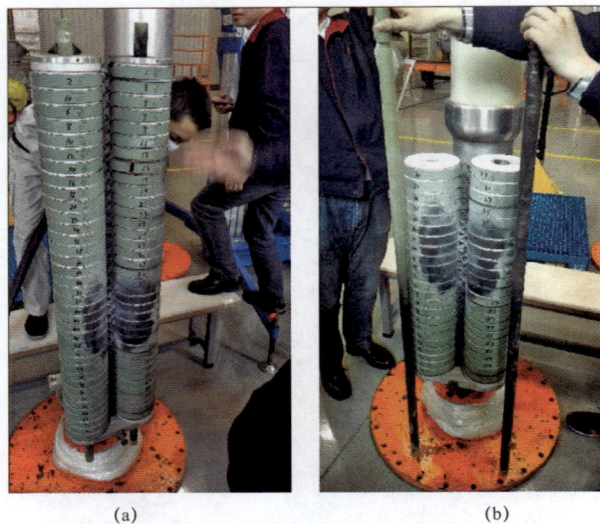

(a)　　　　　　　　　　　　(b)

图 1-13　两串合闸电阻及其绝缘支撑杆的放电烧灼情况
（a）合闸电阻；（b）绝缘支撑杆

图1-14　合闸电阻辅助触头的动触头及喷嘴烧灼情况

2. 故障分析

5153断路器B相内部（见图1-15），由于在合闸电阻靠主断口侧均压罩下部存在引起该处电场畸变的自由导电异物，并被断路器合闸投入换流变压器时的机械振动驱动至不恰当的位置，在5153断路器合闸、极Ⅰ低端换流变压器充电后82s时，畸变的电场使合闸电阻均压罩凸沿正下部与该处外壳内壁之间发生放电击穿。电弧造成均压罩放电点熔化，蒸发的金属离子气体引起局部气体绝缘强度急剧下降，使击穿点上方合闸电阻串与均压罩之间的间隙击穿，同时造成电阻盘片过电弧点被熏黑。

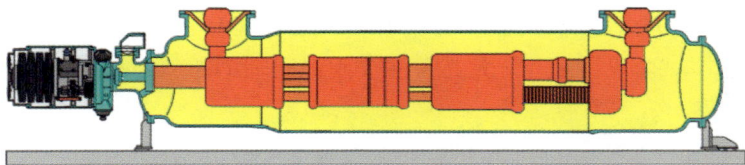

图1-15　5153断路器结构示意图

气体被击穿时，5153断路器主断口及合闸电阻辅助断口均处于合闸状态。断路器母线侧（即电源侧）向气体击穿点提供短路电流，短路电流先后流经的两条路径如图1-16所示。其中一条路径：母线侧→辅助断口→两串合闸电阻→均压罩击穿点；另一条路径：母线侧→一串合闸电阻→均压罩击穿点。部分电阻盘片因受热不均加上短路电流电动力作用产生龟裂，靠母线侧的两串合闸电阻间相邻金属连接片变形，发生了短接，导致这一侧短路电流主要流经其中一串合闸电阻而非两串。

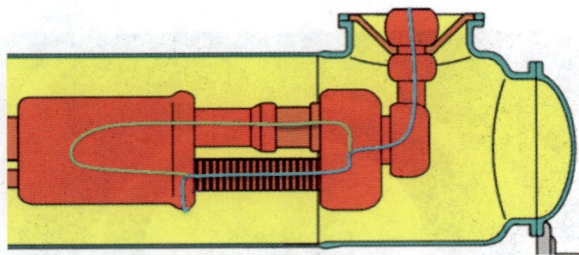

图 1-16 短路电流流经的两条路径

此内部故障发展到引起复×站 500kV 2M 母线差动保护动作，极Ⅰ低压侧换流变压器差动保护动作切除电源，电弧熄灭。

3. 结论与建议

5153 断路器 B 相发生绝缘故障的主要原因是其合闸电阻靠主断口侧均压罩下部存在引起该处电场畸变的自由导电异物。观察合闸电阻辅助断口的驱动机构，其内部有堆积的润滑脂，不排除合闸电阻辅助断口分合闸时，其驱动机构动作，内部多余的润滑脂有掉落到气室内部的可能。

复×站换流变压器进线断路器均带 1500Ω 的合闸电阻，其辅助断口驱动机构完全暴露在气室的 SF$_6$ 气体中。如果材料及安装工艺不过关，断路器多次合闸空充换流变压器时，很有可能发生辅助断口驱动机构的金属碎屑或固化后的润滑脂掉落在罐体内，随着合闸时的机械振动移动到绝缘强度相对较薄弱的位置，如此次故障的合闸电阻均压罩下方，造成局部电场集中甚至发生放电现象。

建议派有经验的技术人员参与带合闸电阻的 GIS 断路器的驻厂监造、关键点见证和出厂试验见证工作，尤其关注合闸电阻辅助断口驱动机构的材料及安装工艺。

500kV 变电站 500kV GIS 50132 隔离开关 C 相故障分析

一、案例简介

1. 故障前运行方式

（1）对侧富×站 500kV 部分：第一串 5011、5012、5013 断路器，第二串 5021、5022、5023 断路器，第三串 5032、5033 断路器，第五串 5052、5053 断路器环网

运行，500kV 谭×一、二线、乐昭一线及高压电抗器、太×线运行。第四串 5042、5043 断路器热备用。

（2）本侧平×站 500kV 部分（见图 1-17）：内桥接线的 5011、5012 断路器运行，500kV 武×线运行，500kV 乐×线停电检修，5013 断路器热备用。1、2号主变压器均运行。

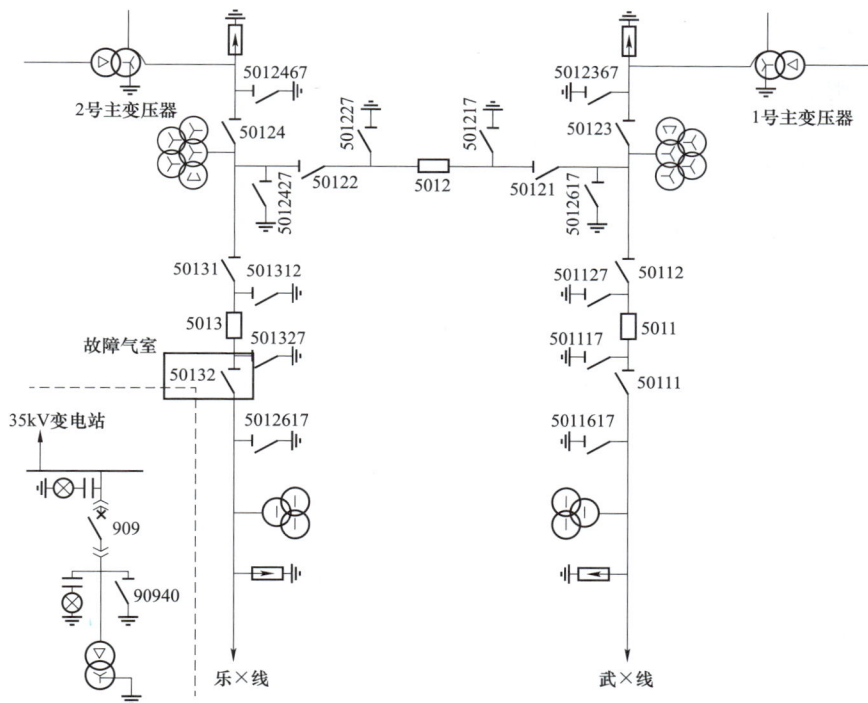

图 1-17 平×站 500kV 接线及故障气室

2. 故障概述

5月 28日 7:57，为配合 500kV 平×站 2 号主变压器停电检修，500kV 富×站将乐×线 5042、5043 断路器转热备用，按省调要求将乐×线相间距离、接地距离二段时间压缩为最小值。

8:42，定值修改完成后，平×站将乐×线 5013 开关转热备用。

9:07，富×站合乐×线 5043 断路器送电操作，断路器合闸即跳闸，1、2 号保护距离二段，差动保护，距离加速动作，1 号保护测距 93.2km，2 号保护测距 93.4km，故障 C 相，故障录波无测距，平×侧无保护动作，后续查看故障电流为 5440A。

鉴于以上情况，省调要求平×侧先进行停电操作。

10:30，平×站根据省调命令将 2 号主变压器及三侧断路器转冷备用。

10:53，富×站合上 5042 断路器对乐×线充电成功。

11:02，富×站 5043 开关合闸。

二、案例分析

1. 保护动作行为分析

（1）500kV 乐×线 1 号保护屏：RCS－931E 保护；18ms 距离二段；22ms 电流差动保护动作；33ms 距离加速；故障测距：93.2km；故障相别：C 相。见图 1－18。

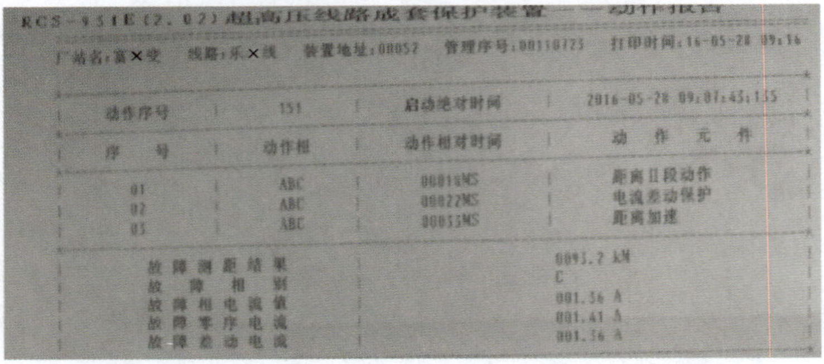

RCS－931E（2.02）超高压线路成套保护装置——动作报告

厂站名：富×变　线路：乐×线　装置地址：00052　管理序号：00110725　打印时间：16-05-28 09:16

动作序号	151	启动绝对时间	2016-05-28 09:07:45:155
序号	动作相	动作相对时间	动作元件
01	ABC	00018MS	距离Ⅱ段动作
02	ABC	00022MS	电流差动保护
03	ABC	00033MS	距离加速

故障测距结果	0093.2 kM
故障相别	C
故障相电流值	001.36 A
故障零序电流	001.41 A
故障差动电流	001.36 A

图 1－18　500kV 乐×线 1 号保护动作报告

（2）500kV 乐×线 2 号保护屏：RCS－931E 保护；19ms 距离二段；22ms 电流差动保护动作；33ms 距离加速；故障测距：93.4km；故障相别：C 相。见图 1－19。

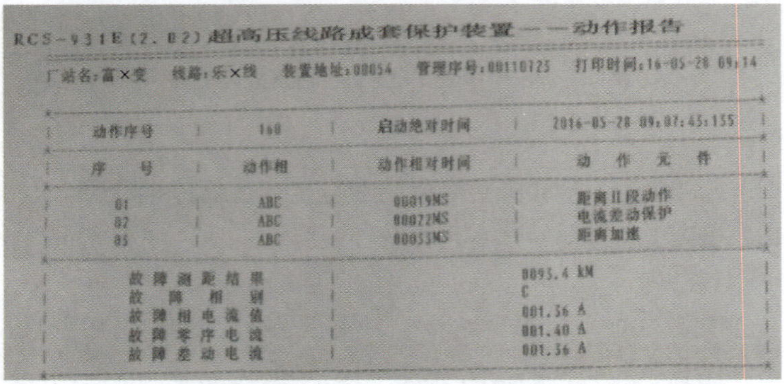

RCS－931E（2.02）超高压线路成套保护装置——动作报告

厂站名：富×变　线路：乐×线　装置地址：00054　管理序号：00110725　打印时间：16-05-28 09:14

动作序号	160	启动绝对时间	2016-05-28 09:07:45:155
序号	动作相	动作相对时间	动作元件
01	ABC	00019MS	距离Ⅱ段动作
02	ABC	00022MS	电流差动保护
03	ABC	00033MS	距离加速

故障测距结果	0093.4 kM
故障相别	C
故障相电流值	001.36 A
故障零序电流	001.40 A
故障差动电流	001.36 A

图 1－19　500kV 乐×线 2 号保护动作报告

（3）5043 断路器保护屏：RCS－921C 保护；68ms C 相跟跳；68ms 三相跟跳；68ms 沟通三跳。见图 1－20 和图 1－21。

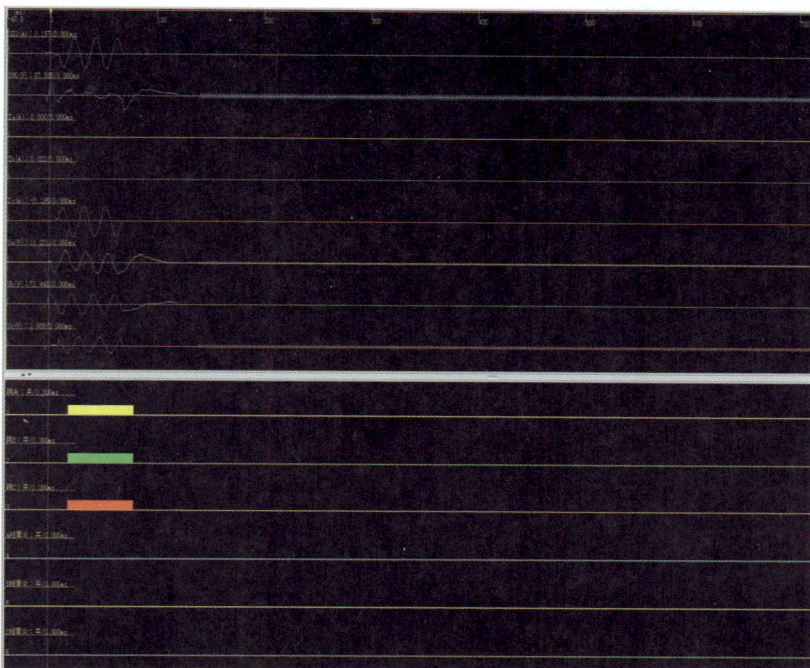

图 1-20 500kV 乐×线故障录波

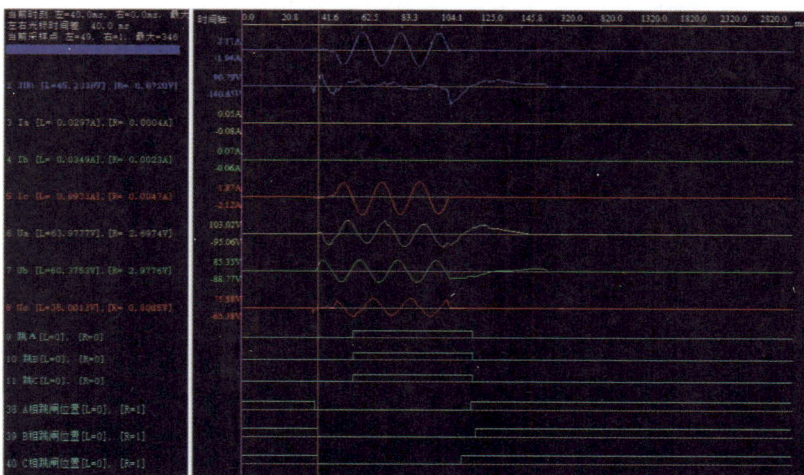

图 1-21 500kV 乐×线 1 号保护录波图

由图 1-20 和图 1-21 可得，富×站乐×线 5043 断路器合闸，保护装置刚显示断路器三相处于合位，此时乐×线 C 相电流、零序电流已经发生突变，幅值增大，A、B 相未出现故障电流；对应 C 相电压急剧下降，A、B 相电压未发生明显变化，可以判断此时线路发生 C 相单相接地，且断路器合闸于设备潜伏绝缘缺陷上。此时两套线路保护装置接距离二段、差动保护及距离加速段保护均动作，保护三跳。

从保护装置刚显示断路器三相处于合位到保护装置显示断路器三相跳闸后再次处于分位，这段时间持续了 3.5 个工频周期，涵盖了保护装置从电流互感器采样、模数转换、逻辑判断、动作出口时间，以及断路器自身的分闸时间，同时还要考虑断路器辅助开关与主断口间的配合时间差。综合保护装置和断路器的动作时间特性，此次故障中保护装置与断路器均正确动作。

本次 5043 断路器合闸前，乐×线平×侧已停电转检修，富×侧 5042、5043 断路器均处于热备用状态。5043 断路器保护屏充电压板投入，乐×线线路保护屏已将相间距离Ⅱ段、接地距离Ⅱ段动作时间改为最小值。当合上 5043 断路器对乐×线进行充电过程中，线路发生 C 相接地故障后由距离Ⅱ段动作且断路器三跳。线路保护动作后约 81ms 返回，而断路器充电保护时间为 100ms，故断路器充电保护未动作。

2. 故障设备现场试验检查分析

现场检测发现平×站 50132 隔离开关 C 相气室的气体分解产物严重超标，其中 SO_2+SOF_2 含量达到 87.6μL/L，判断气室内部有涉及固体绝缘的放电。50132 隔离开关 C 相气室为长气室，包括隔离/接地开关、快速接地开关、出线套管间的整个导体在内，线路电压互感器在 A 相。故障发生时，500kV 乐×线两侧线路避雷器均未动作。

调阅富×站 500kV 乐×线间隔和平×站 5013 间隔在 2016 年 4 月的例行试验报告，对应的断路器、隔离开关和避雷器高压试验结果均满足规程和厂家技术条件要求。

3. 故障设备返厂解体分析

故障的 50132 隔离开关气室 C 相气室返厂解体情况如下（见图 1-22～图 1-25）。

（1）隔离开关动触头的绝缘拉杆表面状况良好；隔离开关、接地开关和快速接地开关的动、静触头间插入深度足够且对中性较好，所有导体相接处无过热迹象。

（2）气室内部水平盆式绝缘子凸面表面约 1/3 的扇面存在明显的电弧灼烧痕迹，将隔离开关动、静触头下方的接地外壳与斜上方的高压导体贯穿；电弧灼烧扇面与接地外壳相接处在隔离开关动、静触头正下方；高压导体屏蔽罩靠近三结合点处烧灼严重，金属熔化变形，且发生了对接地外壳的喷溅现象。

（a）　　　　　　　　　　　　（b）

图 1-22　隔离开关内部水平盆式绝缘子表面烧灼痕迹

（a）接地开关动、静触头下方；（b）隔离开关动、静触头下方

（a）　　　　　　　　　　　　（b）

图 1-23　盆式绝缘子表面最明显的一条爬电痕迹与对应外壳上的放电点

（a）盆式绝缘子表面；（b）外壳内部

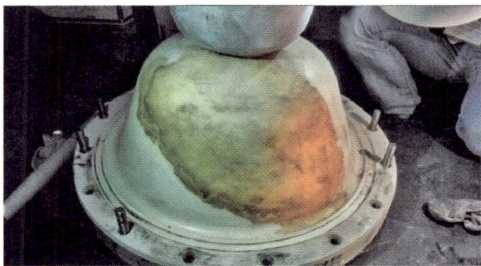
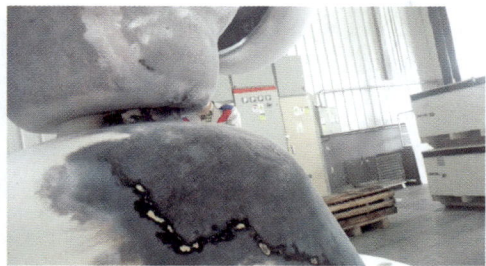

图 1-24　酒精擦拭后的盆式绝缘子　　**图 1-25　高压导体屏蔽罩靠近**
　　　　　　　　　　　　　　　　　　　　　　三结合点处烧灼严重

（3）用酒精将水平盆式绝缘子表面擦拭后，被电弧灼烧的 1/3 的扇面表面存在多条树枝状的爬电痕迹，其中以图 1-23 中显示的那条爬电痕迹最为明显，只有这条放电痕迹贯穿了高压电极和接地外壳，且其闪络路径上存在至少 10 处肉眼能直接分辨的放电点，接地外壳上也有对应的放电烧灼点。

4. 缺陷原因

50132 隔离开关气室 C 相内部水平盆式绝缘子凸面与接地外壳相接处，在隔离开关动、静触头正下方存在引起该处电场畸变的自由导电异物，这是一个潜伏性的绝缘缺陷。在装有合闸电阻的富×站 5043 断路器合闸空载长线时，50132 隔离开关气室处于 94km 长线末端，仍然受到工频电压升高这一暂时过电压和合闸空载线路操作过电压的双重作用。在合闸电阻的限制作用下，尽管过电压幅值并未超过线路避雷器的动作阈值，但是隔离开关气室水平盆式绝缘子接地处存在的潜伏性绝缘缺陷却被高陡度的合闸暂态过程所激发，电场畸变十分严重。放电从接地点沿着盆式绝缘子表面发展，直至贯穿整个盆式绝缘子表面，主放电通道即最明显的沿面爬电痕迹如图 1-23 所示。电弧同时造成主放电通道与高压电极相接处的屏蔽罩烧融并部分熔化。盆式绝缘子表面其余 1/3 扇面受电弧掠过被熏黑。

主闪络路径上存在着至少 10 处肉眼能直接分辨的放电点，接地外壳上也有对应的放电烧灼点，说明在电弧沿着盆式绝缘子表面从接地点往高压电极发展的同时，在电弧对 SF_6 气体的裂解作用下，气室内的气体绝缘强度急剧下降，由于该盆式绝缘子凸面表面与接地外壳间的距离很近，所以发生了闪络路径上的盆式绝缘子与对应外壳间的气体击穿现象。这也说明主电弧发展时，除了绝缘子表面主通道外还存在多个气体击穿的分支。西安交大高电压技术教研室开展真型 GIS 内部盆式绝缘子在不同种类冲击电压下的闪络特性试验时，也发现了此现象，同时还发现随着冲击电压波形陡度的增加，电弧发展时的分叉现象越明显，即 VFTO（波前 4~20ns）作用下最明显，雷电冲击电压（波前 1.2μs）次之，操作冲击电压（波前 250μs）下相对最不明显。这说明陡度高的冲击电压对 GIS 内部各部分电极结构非常敏感。

5. 结论与建议

50132 隔离开关气室 C 相发生绝缘故障的主要原因是在其隔离开关动、静触头的正下方存在引起该处电场畸变的自由导电异物。该异物极有可能是在隔离开关动、静触头分合闸过程中产生的金属小碎屑掉落产生。平×站 500kV GIS 自 2016 年投运以来，50132 隔离开关在正常运行时动作次数极少，只是在 2013 年首检和 2016 年例行试验中分合闸多次。

建议派有经验的技术人员参照《国网四川电力 GIS 全过程技术监督标准化作

业卡》中设备制造和出厂验收部分的要求，参与 GIS 断路器的驻厂监造、关键点见证和出厂试验见证工作，特别注意制造厂家是否按照《国家电网公司十八项电网重大反事故措施》12.1.1.5 要求执行，即断路器、隔离开关和接地开关出厂试验时应进行不少于 200 次的机械操作试验，以保证触头充分磨合。200 次操作完成后应彻底清洁壳体内部，再进行其他出厂试验。

500kV 变电站 500kV GIS 设备 5033 B 相断路器异常分析

一、案例简介

2016 年 7 月 14 日对乡×500kV 变电站内 GIS 5033 B 相间隔进行超声和特高频局部放电检测。由于特高频检测绝缘盆子浇筑孔无法打开，因此选取测点在接地开关绝缘盆子位置，该处绝缘盆子没有金属屏蔽，测试结果正常，未发现异常特高频局部放电信号。

使用手持式局部放电检测仪 PDS－T90 对 5033B 相断路器气室进行超声波局部放电检查，发现在整个断路器室均存在异常超声信号，其中靠近Ⅱ母侧断路器室异常超声信号明显大于靠近Ⅰ母侧断路器室异常超声。随后通过局部放电检测与定位系统 PDS－G1500 对该异常超声信号进行定位，发现异常超声信号来自Ⅱ母侧断路器气室正下方，如图 1－26 方框位置所示。

图 1－26　放电位置

通过分析对异常超声信号的特征分析，推断该信号为自由颗粒引起，通过手持式局部放电检测仪 PDS－T90 检测到最大放电幅值为 15dB，局部放电检测与定位系统 PDS－G1500 示波器检测到最大放电幅值为 688mV。

二、案例分析

1. 缺陷查找

（1）特高频检测。采用手持式局部放电检测仪 PDS－T90 在特高频模式下对 500kV 5033B 相进行特高频检测，具体检测图谱如图 1－27 所示。

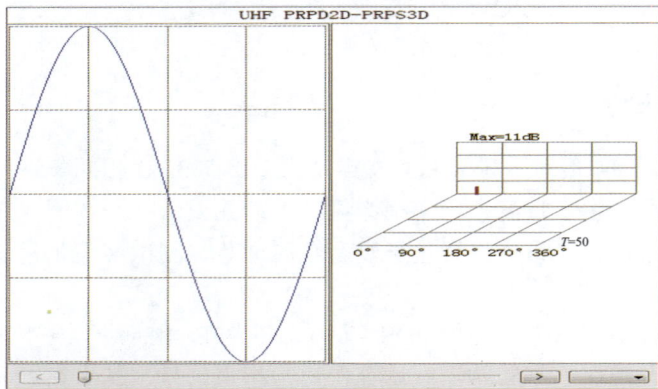

图 1－27　特高频检测数据

说明：特高频测点选择为Ⅱ母电流互感器侧上方接地开关绝缘盆子位置，由图 1－27 特高频 PRPD&PRPS 图谱可知，本次检测未检测到异常特高频信号，检测结果正常。

（2）超声波检测。采用手持式局部放电检测仪 PDS－T90 在超声模式下对 500kV 5033B 相开关进行超声检测，其中在靠近Ⅱ母电流互感器侧断路器气室下方检测到超声幅值最大，具体检测图谱如图 1－28 所示。

说明：由图 1－28（a）AE 幅值图谱可知，有效值和最大幅值明显偏大，其中最大超声幅值为 15dB，较 6 月 23 日检测到幅值为 14dB 变化不大，频率成分 1 和频率成分 2 均没有出现；由图 1－28（b）AE 相位图谱可知，该异常超声信号无明显相位相关性，在 0～360°相位均有分布；由图 1－28（c）AE 飞行图谱可知，该异常超声信号呈现出三角驼峰特征，具有明显的颗粒放电特性；由图 1－28（d）AE 波形图谱可知，在 2 个周期内波形没有呈现工频相关性。综合分析，该异常超声为自由颗粒放电引起。

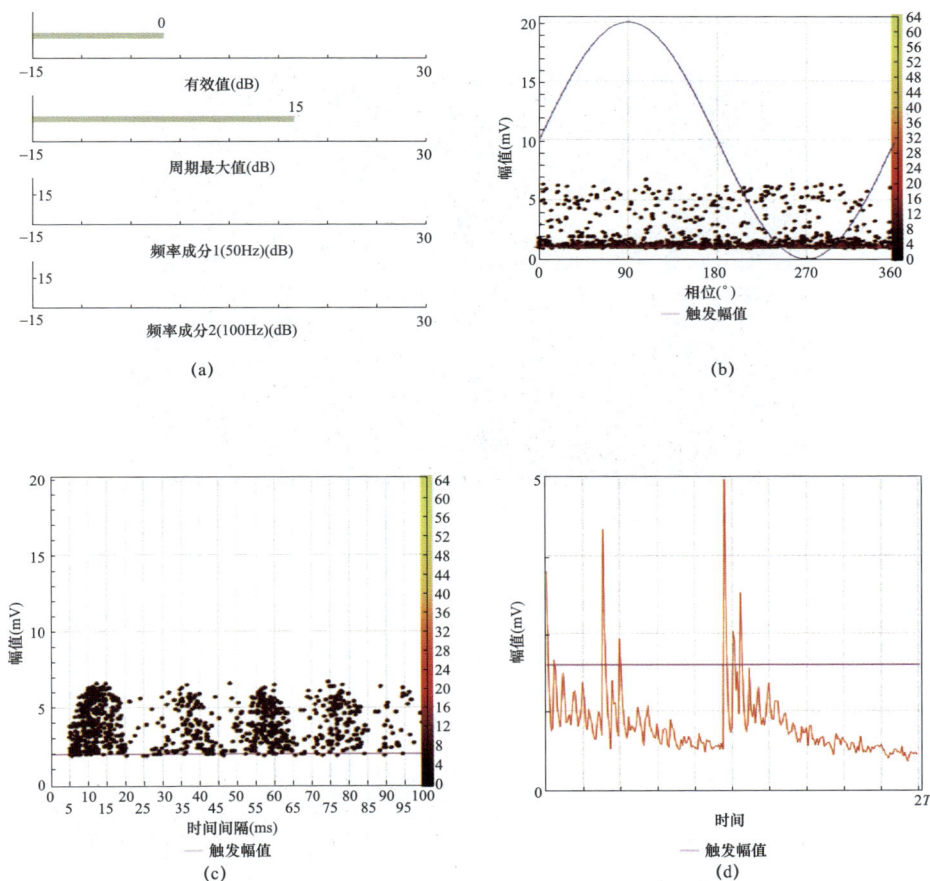

(a)

(b)

(c)

(d)

图1-28　超声检测数据

（a）AE 幅值图谱；（b）AE 相位图谱；（c）AE 飞行图谱；（d）AE 波形图谱

2. 缺陷分析

使用局部放电检测与定位系统 PDS-G1500 对异常超声信号进行定位分析，具体检测图谱如图 1-29 所示。

说明：由图 1-29 所示的示波器 20ms 图谱可知，该异常超声信号没有明显相位相关性，并且最大异常超声信号为 688mV，较 6 月 23 日检测到最大超声幅值 413mV，有明显变化趋势。

随后使用多个超声传感器对异常超声信号进行定位分析，具体步骤如下：

（1）步骤一，现场超声传感器布置如图 1-30 所示，由示波器图谱可知黄色传感器接收到信号超前绿色传感器和蓝色传感器，由此说明信号源相对比较靠近传感器来自黄色传感器。

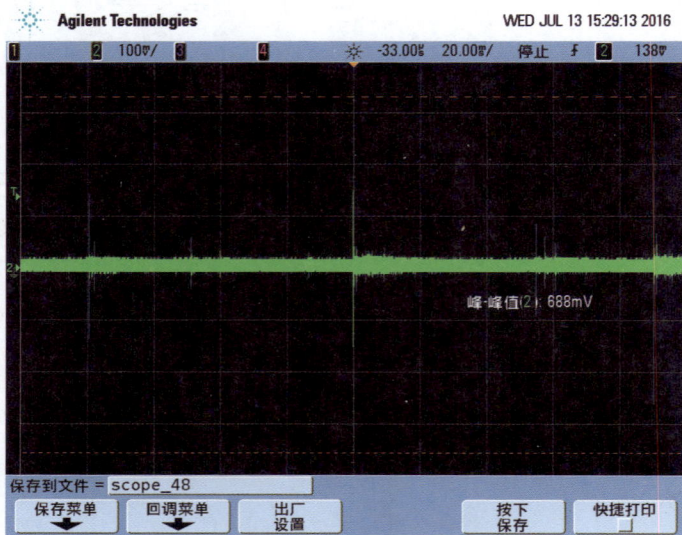

图 1-29 示波器 20ms 图谱

（2）步骤二，黄色传感器位置保持不变，移动绿色和蓝色超声传感器使之靠近黄色传感器，由对应示波器图可知黄色和蓝色传感器起始波沿保持一致，绿色波形滞后于黄色和蓝色信号，由此说明该异常超声信号来自红线方向。见图1-31。

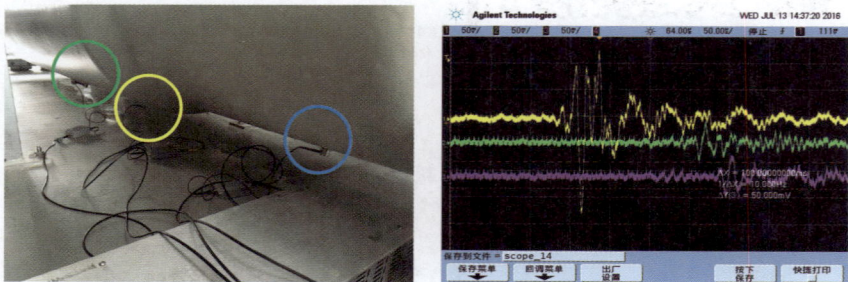

图 1-30 传感器布置图及对应示波器图谱（步骤一）

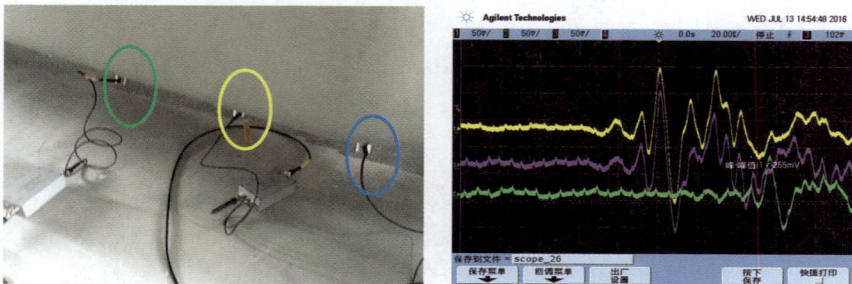

图 1-31 传感器布置图及对应示波器图谱（步骤二）

（3）步骤三，黄色和蓝色传感器位置保持不变，移动绿色传感器至黄色、蓝色传感器中间正上方，由对应示波器图谱可知，黄色和蓝色传感器接收到的信号超前绿色传感器所接收到的信号，说明该异常超声信号不是来自 GIS 上部。见图 1-32。

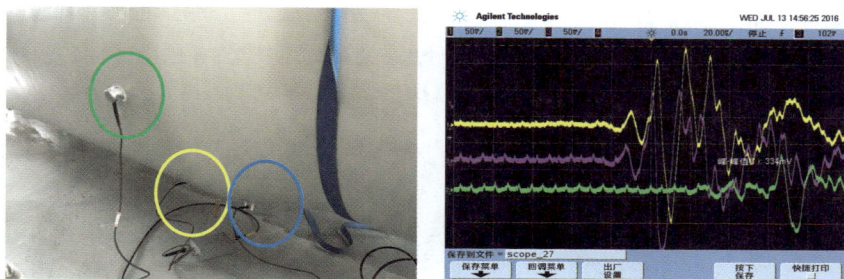

图 1-32　传感器布置图及对应示波器图谱（步骤三）

（4）步骤四，现场黄色传感器布置在图 1-32 黄色、蓝色两传感器之间，蓝色传感器布置在黄色传感器对面，绿色传感器布置在黄色、蓝色传感器之间，也就是 GIS 管壁正下方。由对应示波器图谱（见图 1-33）可知，绿色传感器接收到的信号超前黄色和蓝色超声传感器接收到的信号，由此说明信号来自绿色传感器附近，具体位置如图 1-34 所示。

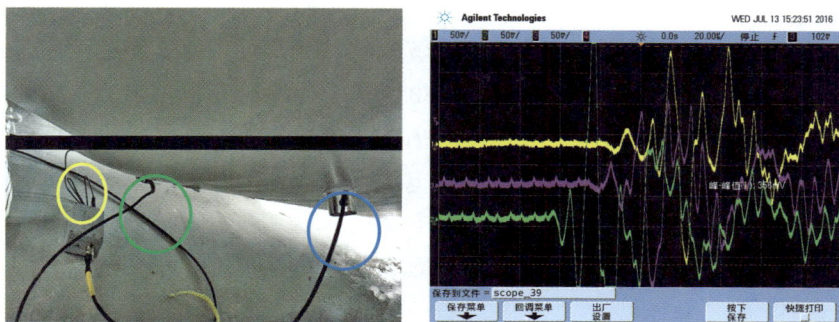

图 1-33　传感器布置图及对应示波器图谱（步骤四）

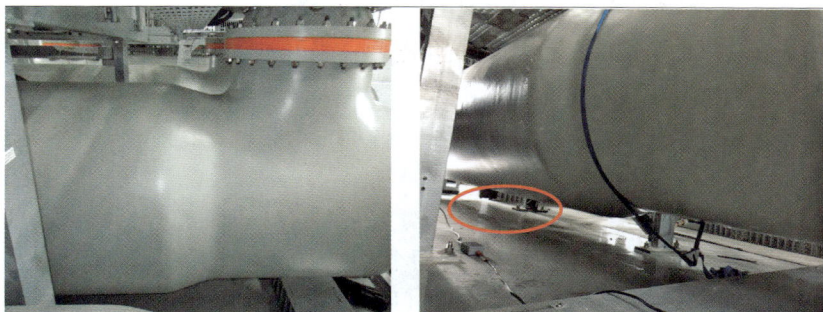

图 1-34　局部放电位置

3. 缺陷处理

2016 年 8 月 25 日，电科院配合省检修公司对该断路器进行停电检修，将端盖打开，采用内窥镜对断路器底部进行仔细检测，在超声定位位置发现了长约 2mm 的非金属异物，如图 1-35 所示。该异物应是螺栓上涂抹的紧固剂在受到操作冲击之后，掉落在管体底部。此外在断路器底部的检修手孔盖板上发现了大量金属粉屑，见图 1-36。

图 1-35　断路器罐体底部发现的非金属异物

图 1-36　断路器罐体底部检修手孔盖板上发现的金属异物

4. 结论与建议

500kV 乡×变电站 500kV GIS 设备 5033 B 相断路器气室存在典型的超声波局部放电信号，无特高频信号，且 SF_6 分解产物测试结果正常。经过全面定位分析该缺陷为自由颗粒放电，放电源位置在 5033 B 相断路器Ⅱ母侧电流互感器下方开关罐体底部。长期的自由颗粒放电可能损害 GIS 内部 SF_6 绝缘性能，同时当自由颗粒跳动到设备高场强区域，在遭受过电压时，很容易发生闪络。通过对设备停电检修，发现了引发异常超声波信号的非金属异物，证实了带电检测结论。此次通过超声波局部放电检测有效发现了 GIS 设备潜伏性缺陷，避免出现设备故障。

500kV 变电站 220kV GIS 设备Ⅰ母电压互感器间隔 C 相缺陷分析

一、案例简介

在 500kV 遂×变电站带电检测中，对 220kV GIS 设备进行特高频局部放电检测时，发现Ⅰ母电压互感器间隔 C 相的四个盆式绝缘子均存在典型局部放电信号，背景传感器未检测到异常局部放电信号（图 1-37 中的 4 个特高频测点）。进行超声波局部放电检测未发现明显放电信号。因此推测 220kV GIS 设备 I 母电压互感器间隔 C 相存在疑似局部放电，激发了特高频信号。对该气室进行 SF_6 气体分解产物和湿度测试，测试数据均正常，未检出 SO_2。

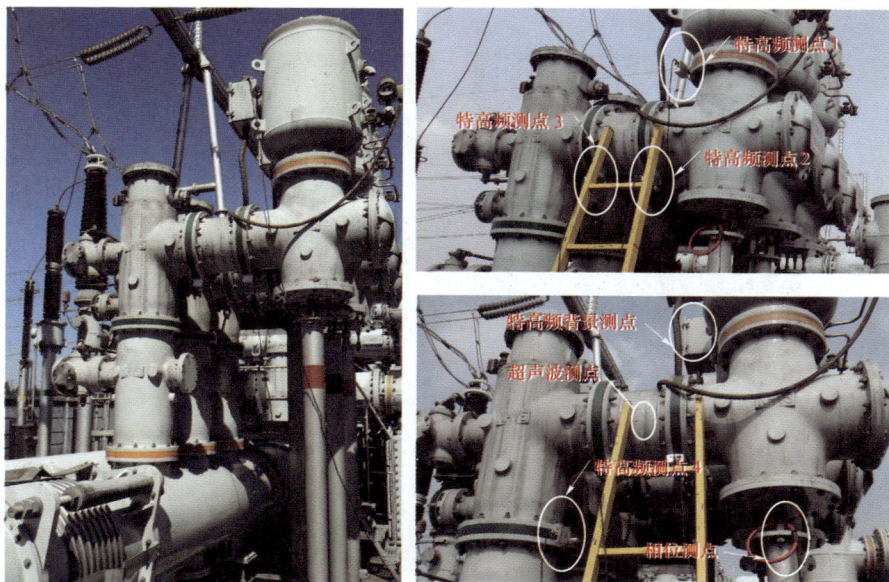

图 1-37　特高频和超声波测点布置

经过长期跟踪检测，发现在特高频测点 2 处的盆式绝缘子浇注孔处所测的特高频局部放电信号最大，且根据时差定位推断缺陷位于特高频测点 2 和测点 3 之间，结合 GIS 设备的安装图，推断缺陷位于测点 2 所处的盆式绝缘子上，靠近中心导体。

为了保证设备运行安全，2016 年 9 月 11 日对 GIS 设备进行了停电检修，在测点 2 处的盆式绝缘子上发现了放电痕迹，位于环氧树脂与中心金属导体的交界面处。

二、案例分析

1. 缺陷查找

（1）特高频检测。在图 1-37 中的特高频测点处，采用局部放电综合带电检测分析仪 HQMDA-CF5 对 I 母电压互感器间隔 C 相进行特高频局部放电检测，检测结果如图 1-38 和图 1-39 所示。

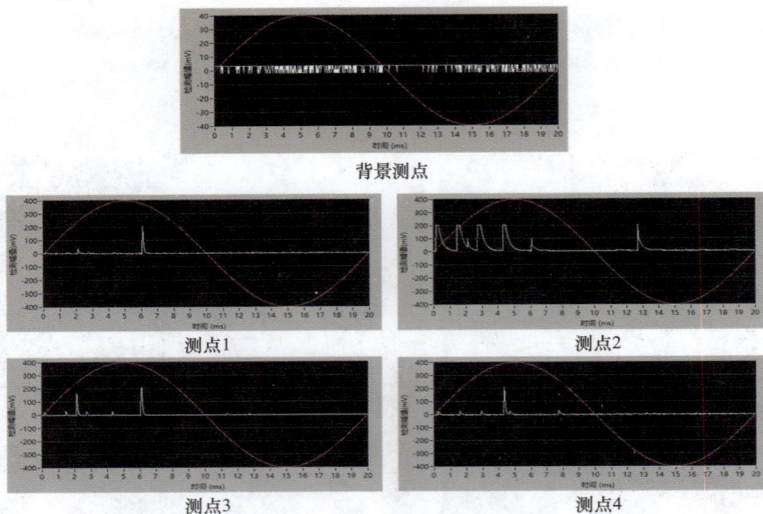

图 1-38 特高频测点的单个周期局部放电波形

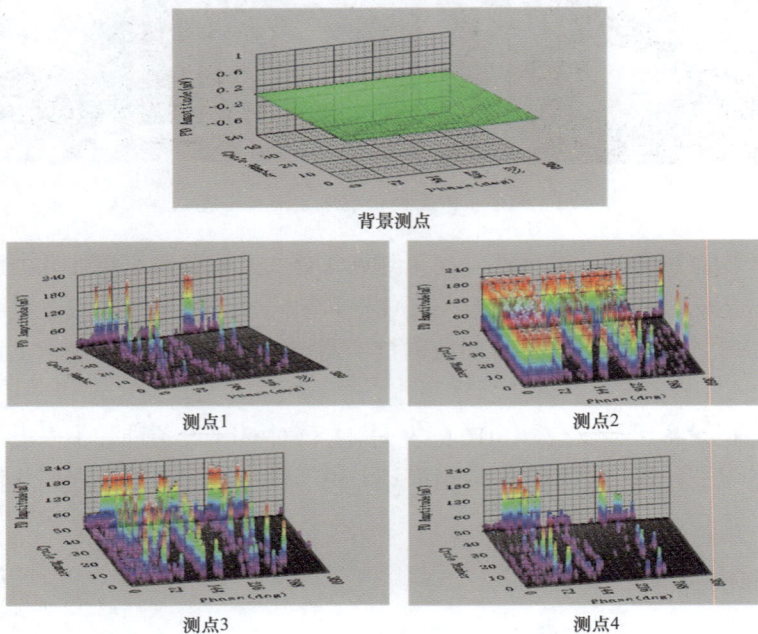

图 1-39 特高频测点的三维图谱

在图 1-38 特高频测点的单个周期局部放电波形中可见背景测点单个周期内没有出现异常放电脉冲,测点 1~测点 4,在单个周期内均检测到了异常放电脉冲。在单个周期内测点 2 处的放电脉冲数最多,幅值最大,超过了 200mV。测点 3 处所测的放电脉冲有所减少，幅值也降低，接近 200mV。测点 1 和测点 4 处测到的放电脉冲数最少，幅值也相当。由此可推断放电源来自 GIS 设备内部，靠近测点 2。

在图 1-39 特高频信号的三维图谱中可见背景测点在 50 个周期内为出现放电信号。测点 1～测点 4 的 PRPS 图谱均体现出明显的工频相关性，具有典型的局部放电特征，极性效应不明显，正负半周均有局部放电信号出现。测点 2 处所测的特高频局部放电信号较多，信号分布相位最广，其次为测点 2 处所测信号。测点 1 和测点 4 所测特高频局部放电信号较少，幅值变化较大。因此推断测点 1 离放电源较远，测点 2 离放电源最近。

（2）超声波检测。在测点 2 和测点 3 之间的 GIS 筒体上的超声波测点（见图 1-37），采用超声波检测仪 PD-208 进行检测，在脉冲模式下的测量结果如图 1-40 所示，可见超声波信号除了基噪信号以外，未出现明显放电脉冲。以检修电源的相位为参考相位，进行超声波相位模式检测，在超声波测点的检测结果如图 1-41 所示。图中可见超声波测点的检测结果不具有放电的典型特征。

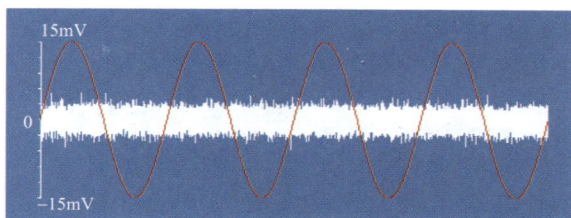

图 1-40　超声波检测仪原始波形检测界面

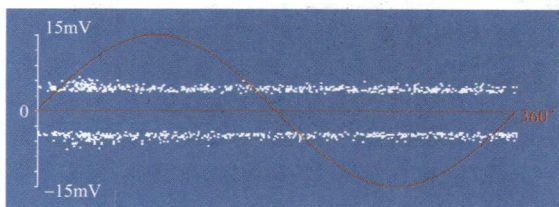

图 1-41　超声波检测仪相位模式的检测信号

2. 缺陷分析

（1）相位相关性分析。为了进一步分析放电缺陷的特性，采用电流传感器在 C 相电压互感器下侧的支架上检测 C 相环流的相位，该相位与 C 相的电压相位相似，传感器布置如图 1-37 所示。特高频测点 1～测点 3 的局部放电检波波形与 C 相相位匹配如图 1-42 所示。图中可见 3 个测点所测信号一致性较好，均是来自同 1 个放电源。大部分放电脉冲出现在工频相位的负半周，由此推断，该局部放电源靠近内导体。

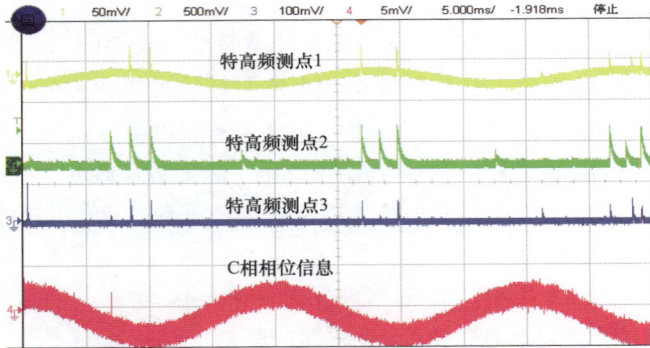

图 1-42　特高频测点 1～测点 3 的局部放电检波波形与 C 相电压相位匹配图

（2）空间定位分析。为了精确诊断 GIS 内部缺陷状态，需要利用特高频信号进行精确定位。特高频各测点的布置图如图 1-43 所示。由于该盆式绝缘子均带有屏蔽环，因此测量位置只能在屏蔽环上的浇注孔处。

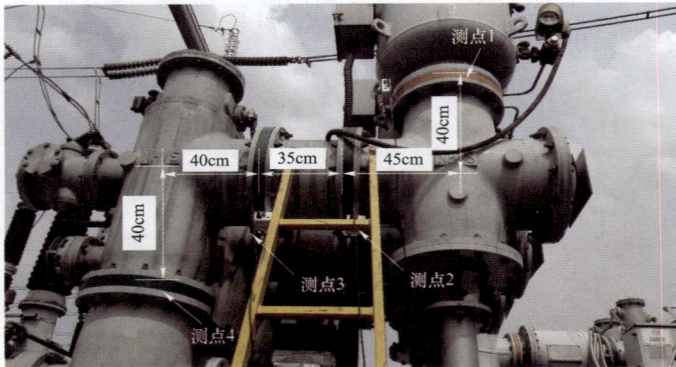

图 1-43　特高频各测点之间的距离参数

调节示波器触发，同时存取特高频测点 1 和测点 2 所测特高频信号，如图 1-44 所示。图中可见测点 2 领先测点 1 约 2.5ns，测点 1 和测点 2 在 GIS 筒体上的距离不到 0.8m，由此可见信号应是从测点 2 的左侧传播至测点 2 和测点 1 处。与此类似，同时存取特高频测点 3 和测点 4 所测特高频信号，如图 1-45 所示，图中可见测点 3 领先测点 4 约 3ns，测点 1 和测点 2 在 GIS 筒体上的距离约为 0.9m，由此可见信号应是从测点 3 的右侧传播至测点 3 和测点 4 处。由此可推断放电源位于测点 2 和测点 3 之间，见图 1-46。

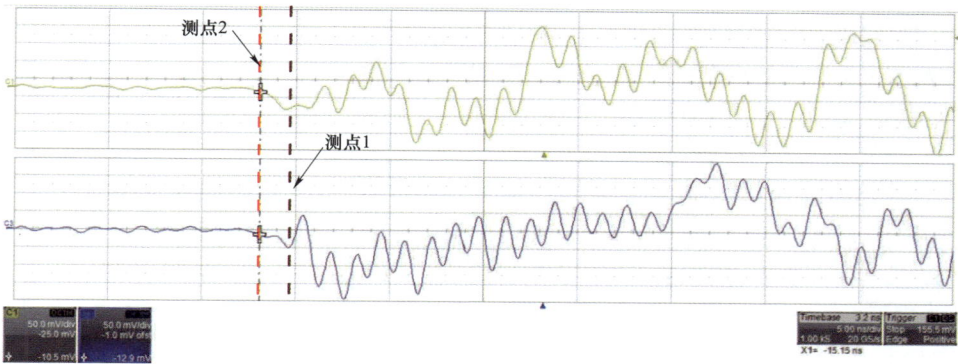

图 1-44　特高频测点 1 和测点 2 之间的时延

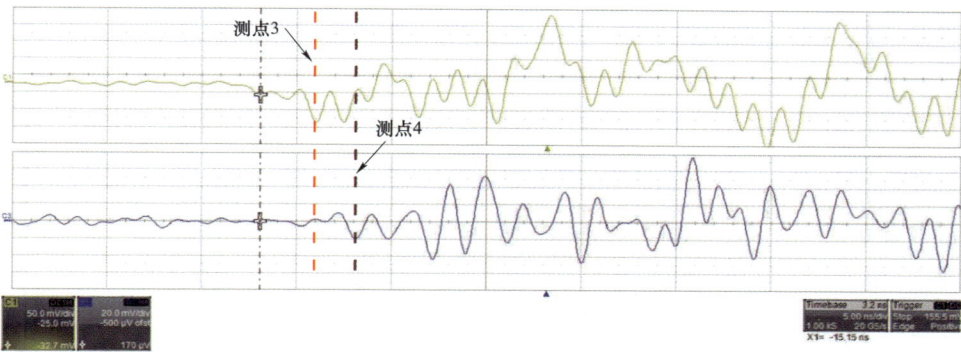

图 1-45　特高频测点 3 和测点 4 之间的时延

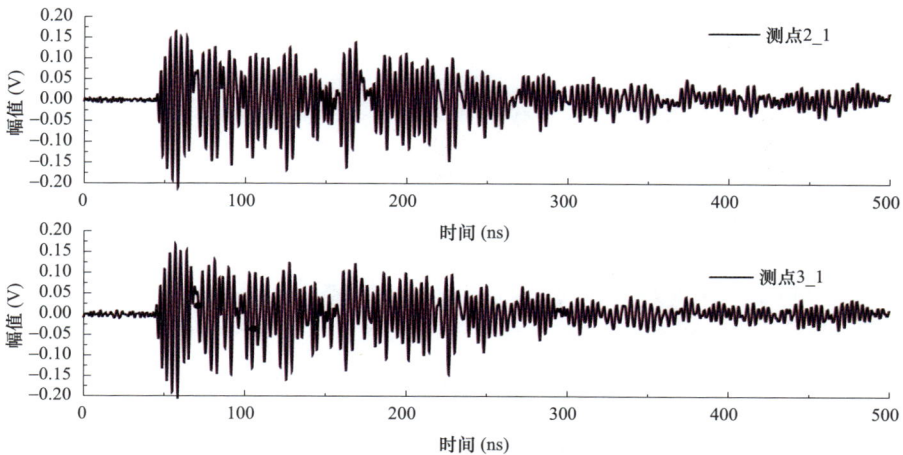

图 1-46　特高频测点 2 和测点 3 之间的局部放电时域图

调节示波器触发,同时存取特高频测点2和测点3所测特高频信号,如图1-47所示。2个测点所测信号的纺锤形时域包络线极其相似,幅值也相当。为了进一步确定放电源的位置,首先对特高频测点2和测点3的信号进行频谱分析。利用两次所采集的局部放电特高频信号进行频谱分析的结果如图1-48所示。图中可见,该处局部放电特高频信号的频率主要分布在200~500MHz,其中250~350MHz最为集中,具有固体绝缘放电的典型特征。比较特高频测点2和测点3两次所采集的特高频信号频谱分析结果可见,第1次所采集的信号,测点2处所测信号在250~350MHz频率分量稍大于测点3所测信号,因此推测此次放电更靠近测点2。但是第2次所采集的信号,测点3处所测信号在250~350MHz频率分量明显大于测点2所测信号,因此推测此次放电更靠近测点3。由此可见,GIS内部缺陷应该存在一个较大的区域,而不是一个很小且固定的放电点。

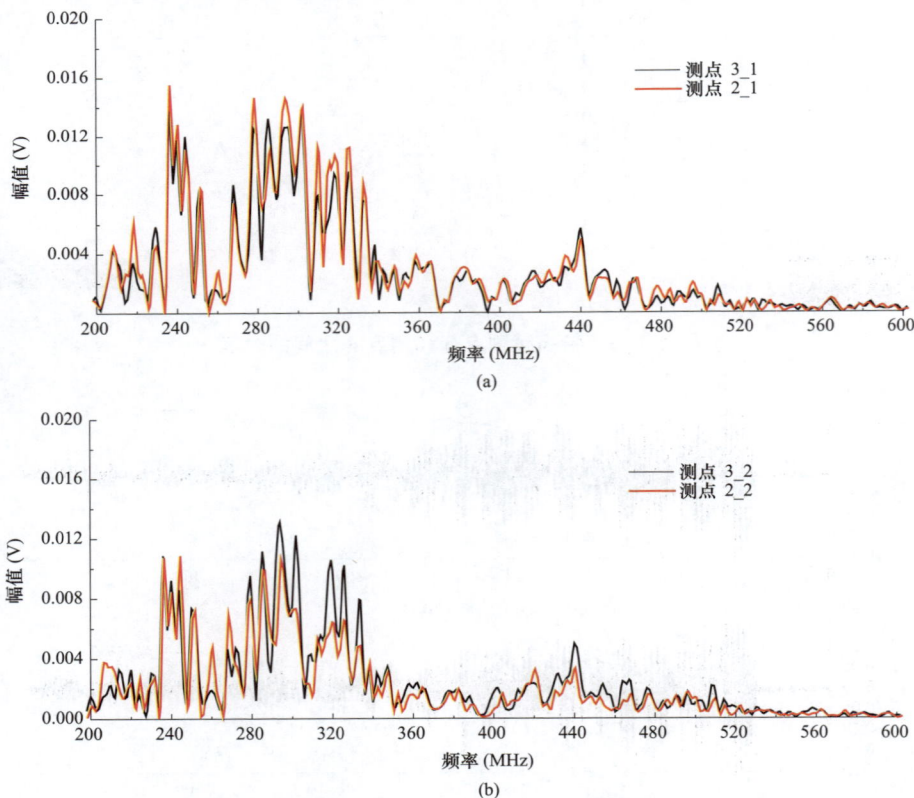

(a)

(b)

图1-47　特高频测点2和测点3之间的局部放电频谱分布

（a）第一次采集情况；（b）第二次采集情况

采用连续小波时频变换对特高频测点 2 和测点 3 两次所采集的局部放电信号进行时频分析，结果如图 1−48 和图 1−49 所示。由图 1−47 可见，第 1 次所采集的特高频信号在持续 200ns 之后，测点 3 处的特高频信号在 300MHz 附近明显小于测点 2。由图 1−48 可见，第 1 次所采集的特高频信号在持续 100ns 之后，测点 2 处的特高频信号在 300MHz 附近明显小于测点 3。由于进一步印证了 GIS 内部缺陷应该不是一个固定的点，而是分布在 1 个区域。

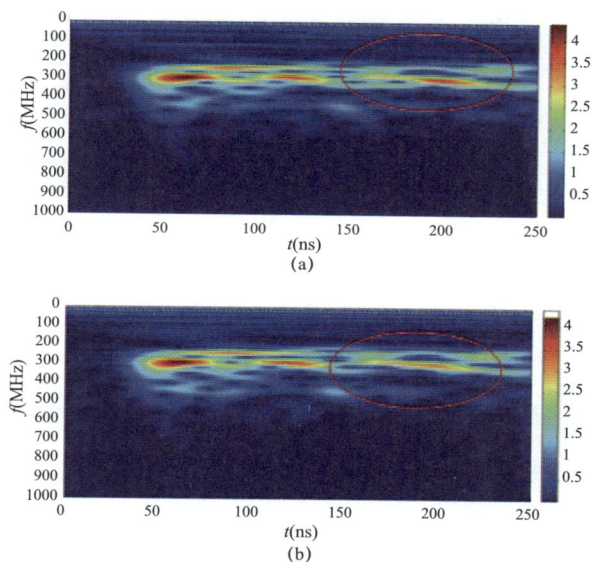

图 1−48　第一次所采集的特高频测点 2 和测点 3 局部放电信号的时频分布图
（a）测点 2；（b）测点 3

为了最终确定缺陷的分布区域，将测点 2 和测点 3 所测特高频信号进行小波滤波处理，使特高频信号的上升沿更为陡峭，便于求取时延。特高频测点 2 和测点 3 第 1 次所采集的特高频信号到达先后如图 1−50 所示，测点 2 的特高频信号领先测点 3 的信号 0.25ns，经定位计算，放电点应位于测点 2 所在盆式绝缘子往左 13.75cm 处。特高频测点 2 和测点 3 第 2 次所采集的特高频信号到达先后如图 1−51 所示，测点 3 的特高频信号领先测点 2 的信号 0.4ns，经定位计算，放电点应位于测点 3 所在盆式绝缘子往右 11.5cm 处。由于测点 2 和测点 3 所处的 2 个盆式绝缘子相距约 30cm。由此可推断，测点 2 和测点 3 的盆式绝缘子在装配时，如果凸面朝右（电压互感器侧），该缺陷应在测点 3 所处的盆式绝缘子上；如凸面朝左（隔离开关侧），该缺陷应在测点 2 所处的盆式绝缘子上。缺陷区域如图 1−52 所示，且缺陷靠近内导体侧。I 母电压互感器间隔 C 相的装配图如图 1−53 所示，

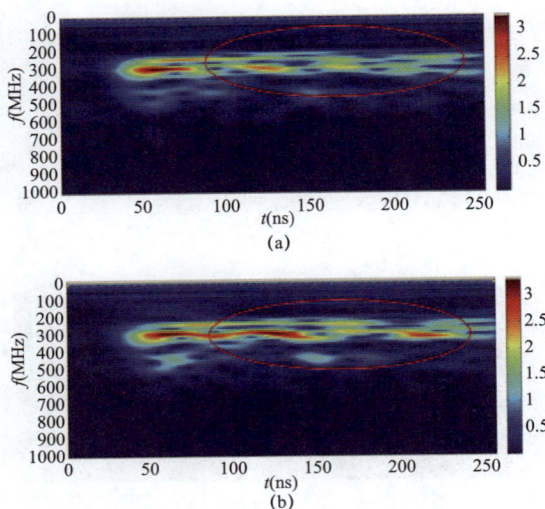

图 1-49　第二次所采集的特高频测点 2 和测点 3 局部放电信号的时频分布图
（a）测点 2；（b）测点 3

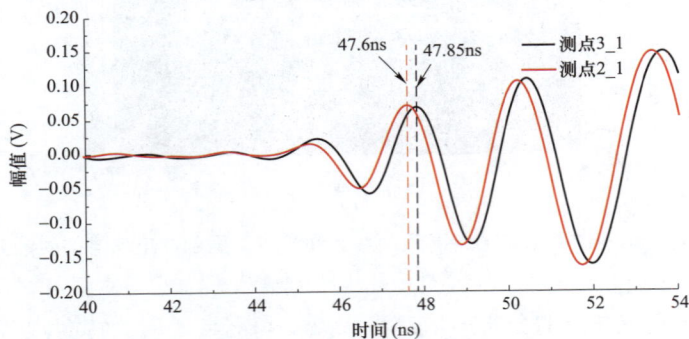

图 1-50　第一次所采集的特高频测点 2 和测点 3 局部放电信号的时延图

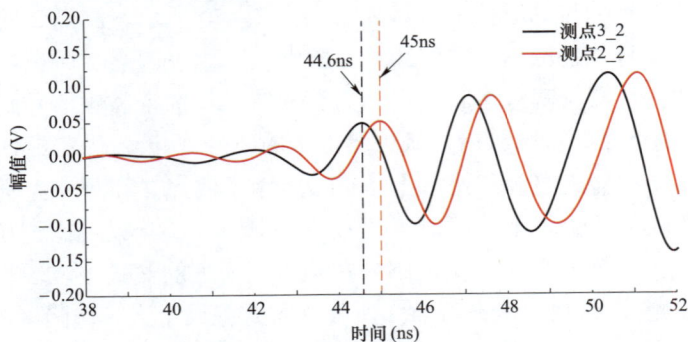

图 1-51　第二次所采集的特高频测点 2 和测点 3 局部放电信号的时延图

图 1－52　疑似缺陷存在的区域

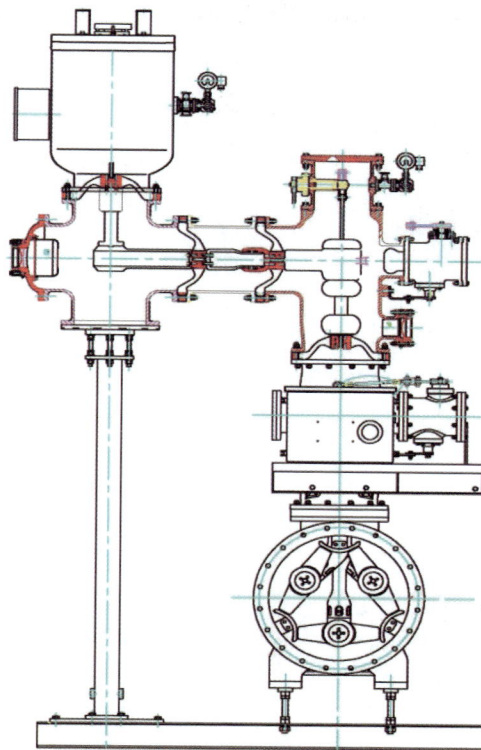

图 1－53　GIS 内部盆式绝缘子装配图

测点 2 和测点 3 处的盆式绝缘子凸面朝向隔离开关一侧，因此缺陷应在测点 2 即靠近电压互感器一侧垂直的盆式绝缘子处。

3. 缺陷原因

2016 年 9 月 11 日，电科院配合省检修公司对该间隔进行了停电检修，拆卸下的盆子如图 1－54 所示。在中心金属导体嵌件与环氧树脂交界的地方，发现一些小黑点，肉眼可见表面有些小凹痕，如图 1－55 所示。

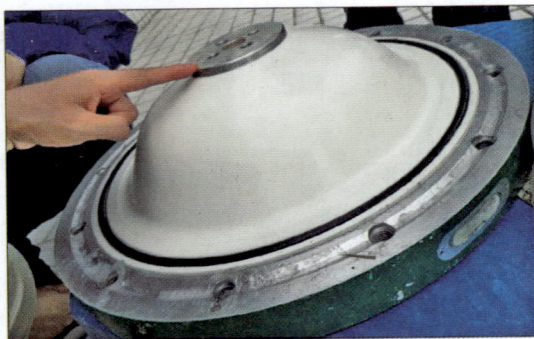

图 1-54 拆卸下的 GIS 疑似缺陷盆式绝缘子

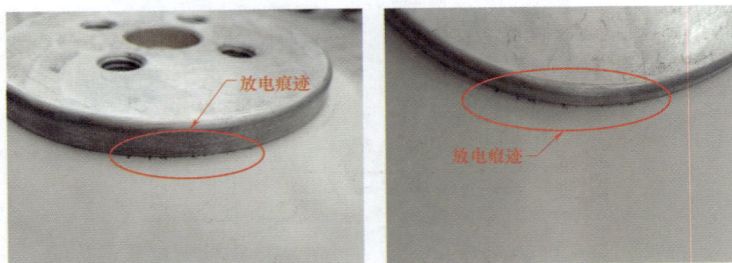

图 1-55 缺陷盆式绝缘子金属嵌件与环氧树脂交界面的放电痕迹

采用高倍放大镜对放电痕迹进行仔细观察，如图 1-56 所示。发现盆式绝缘子边缘的小黑点均是由局部放电造成的，放电起始位置均在中心金属导体和环氧树脂的交界面处。盆式绝缘子与中心导体金属嵌件交界面正常的状态如图 1-57 所示，在交界面处环氧树脂与金属紧密接触，没有缝隙和异物，没有放电痕迹。

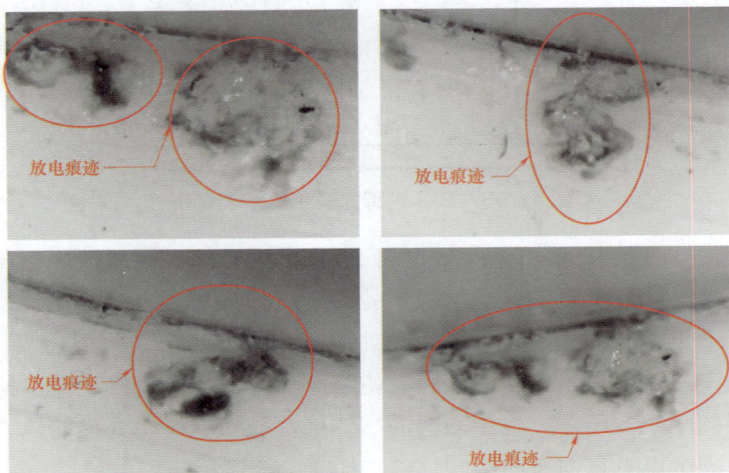

图 1-56 缺陷盆式绝缘子金属嵌件与环氧树脂交界面的放电痕迹放大图

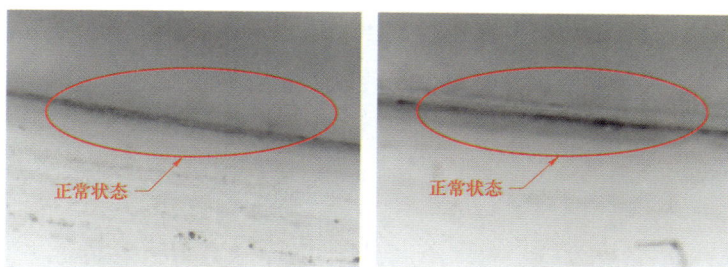

图 1-57　盆式绝缘子金属嵌件与环氧树脂交界面的正常状态

放电位置位于 GIS 设备中盆式绝缘子与中心金属导体嵌件，以及 SF_6 绝缘气体交界的界面处，由于 SF_6 气体，环氧树脂以及金属铜的介电常数差异较大，因此该处电场畸变较严重。采用 Ansys 仿真该处的电场分布，如图 1-58 所示，可见结合部的电场畸变相当明显。如果金属导体表面不光滑，以及环氧树脂与金属嵌件之间由于制造工艺问题存在气隙或交接不良，均容易引起局部放电。局部放电长期存在，由于累积效应，造成盆式绝缘子表面损伤，若继续发展，将引起盆式绝缘子闪络。

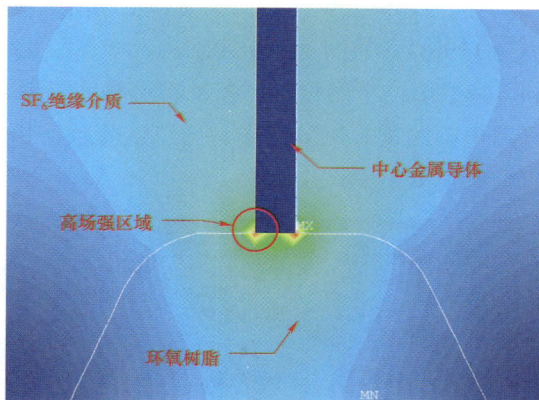

图 1-58　盆式绝缘子金属嵌件与环氧树脂
交界面处的电场分布仿真图

4. 结论与建议

500kV 遂×站 220kV GIS 设备 I 母电压互感器间隔 C 相存在典型的特高频局部放电信号，无超声波信号，且 SF_6 分解产物测试结果正常。经过全面定位分析，该缺陷在电压互感器和隔离开关之间的两盆式绝缘子之间，为典型的固体绝缘相关缺陷，且靠近内导体。通过停电检修，发现了放电位置位于盆式绝缘子与中心金属导体嵌件的交界面处，与带电检测预测位置一致。该缺陷长期存在将引起盆式绝缘子闪络，下一步将结合材料的理化分析研究该缺陷出现原因，并通过试验研究下一步的发展趋势。此次通过特高频局部放电检测有效发现了 GIS 设备潜伏性缺陷，避免出现设备故障。

220kV 变电站综合改造中 HGIS 设备回路电阻超标缺陷

一、案例简介

220kV 新×变电站综合改造工程于 10 月 17 日正式停电施工，共有 9 个 HGIS 间隔。至 11 月 16 日，已完成 8 个 HGIS 间隔设备现场组装，其中 3 个间隔已完成抽真空、SF_6 气体充装。220kV 新×变电站综合改造中 HGIS 设备为某公司的产品，在施工安装过程中发现该公司产品存在较多质量问题。

2016 年 11 月 17 日，施工单位高压试验班组进场，进行设备交接试验。在进行母联间隔（SF_6 充装完成）导电回路测试时，发现 B 相电阻异常偏高（550μΩ），A 相为 126μΩ，C 相为 129μΩ，如图 1-59 所示。

11 月 18 日上午，施工单位会同设备厂家，将母联间隔 B 相 Ⅱ 母侧套管及气室拆除，分段进行回路电阻测试，试验结果与出厂试验数据相符。由此推断出问题出在中间连接的直角气室处，见图 1-59。

图 1-59 母联间隔

二、案例分析

1. 缺陷查找

现场对本站 HGIS 设备直角气室解体后，发现上口的导电杆插入主触头深度很浅，与主触头接触面过小，如图 1-60 所示。

图 1-60　导电杆

经 HGIS 厂家确认，导电杆长度不足，导致与主触头内侧接触面不够，如图 1-61 所示。

图 1-61　主触头内侧

因所有 HGIS 间隔均有直角母线连接元件，决定拆除正在安装的 267 间隔直角气室进行检测，如图 1-62 所示。

通过比较，直角气室上口插入深度比下口少了 32mm。测量导电杆长度为278mm，与设计尺寸相符，可以确定此缺陷为厂家设计缺陷。

2. 结论与建议

对于各电压等级的 GIS 设备，在安装过程中必须测量主回路电阻，其阻值不应超过 $1.2R_u$（R_u 是型式试验时测得的相应电阻）并做三相不平衡度比较；制造厂家应提供每个元件或每个单元主回路电阻的控制值 R_n（R_n 是产品技术条件规定值）和出厂实测值，并应提供测试区间的测试点示意图以及电阻值。

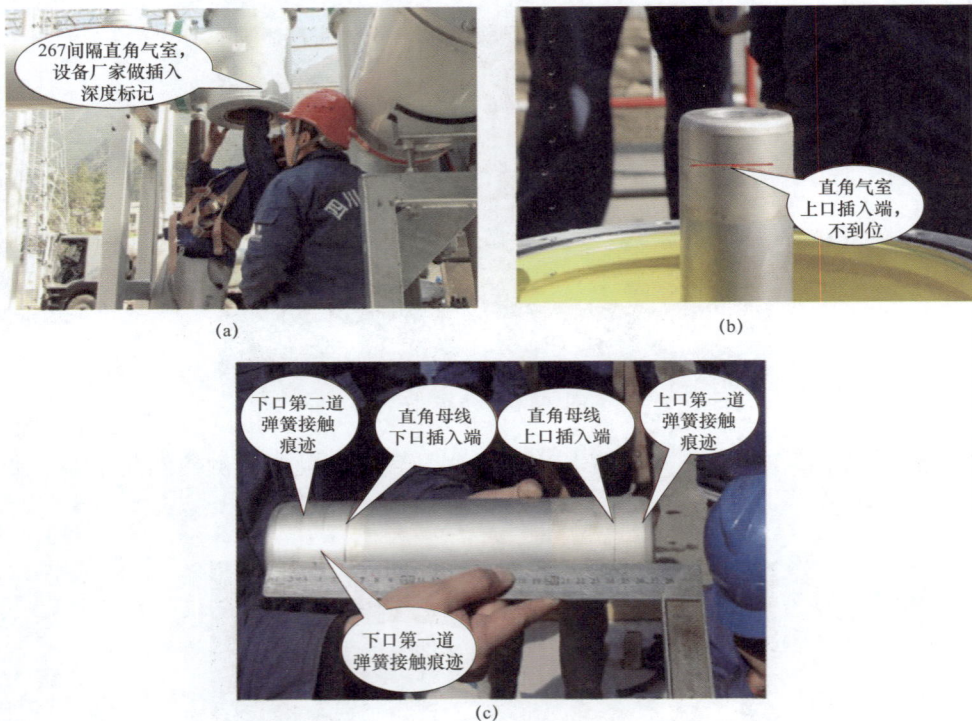

(a)

(b)

(c)

图 1-62　插入深度测试

（a）厂家做插入深度标记；（b）直角气室上口插入端；（c）直角气室下口插入端

变电站主变压器高压侧 201 断路器
合闸电阻缺陷

一、案例简介

巴×变电站新建工程 220kV GIS 设备为某开关厂供货，其中带合闸电阻的主变压器高压侧 201 断路器为其他开关厂生产，为四川省内首次使用。10 月 20 日，电科院在对 201 断路器进行合闸电阻投入时间离散性试验时发现 C 相合闸电阻投入时间为 14.7ms，厂家给出的合闸电阻接入时间技术参数为 8～11ms。在排除了断路器控制回路、操作电压、液压弹簧机构、试验方法、试验接线、测试仪器的原因后，经过 10 余次复核合闸电阻接入时间仍然保持在 14.7ms 左右，怀疑该异常现象与断路器 C 相本体内的传动部分有关。对此情况，指挥部当即决定深入排查，并立即要求厂家派人到现场处理。据了解，10 月 20 日试验前该间隔设备之前已开展过 25 次机械特性试验，试验结果均合格，其中 15 次为出厂试验，10 次为交接试验，未出现接入时间突然变长现象。随后在昌×站对同厂家、同型号、同批次生产的带合闸电阻断路器进行了检查，在检查过程中也出现了同样异常情况，2 号主变压器高压侧断路器 C 相合闸电阻接入时间为 16ms，远大于厂家技术参数。

二、案例分析

1. 缺陷查找

昌×站 2 号主变压器断路器 C 相也是其他开关厂生产的同类型、同批次带合闸电阻断路器，经检查同样存在合闸电阻预投入时间过大的问题，返厂解体检查。鉴于巴×站设备由于厂家的不合理安排，导致专家组未鉴证到设备发生异常的真正原因，因此，公司在厂家对昌×站故障设备进行解体时进行了全过程见证，解体情况如下：

（1）装配工艺较差，昌×站断路器辅助拉杆无锁紧螺帽，未打防松胶，如图 1-63 所示。

图 1-63　绝缘拉杆与金属连接头间无锁紧螺帽

（2）辅助触头拉杆松动，解体发现辅助触头拉杆可轻易摇动，如图1-64所示。

（3）装配工艺不严，绝缘拉杆螺帽与固定件缺少垫圈，如图1-65所示。

（4）屏蔽罩内有大量金属碎屑，如图1-66所示。

（5）部分合闸电阻碎裂，如图1-67所示。

图1-64 绝缘拉杆用手可以轻松旋动

图1-65 绝缘拉杆固定螺帽与固定件间缺少垫圈

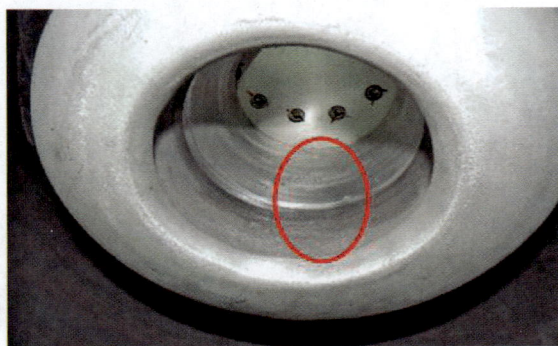

图1-66 解体后在屏蔽罩内圈可见刮削的铝屑

图 1-67　合闸电阻边缘碎裂

2. 缺陷分析

（1）本次解体的巴×、昌×变电站带合闸电阻断路器机构由主触头传动机构和辅助触头传动机构组成，两个传动机构采用非刚性连接方式，在 9 相断路器合闸时间、速度测量数据中，未见明显的主触头传动异常迹象。

（2）昌×站合闸电阻接入时间异常原因：昌×站 C 相断路器厂家在装配过程中质量控制较差，存在制造工艺未按照图纸执行的情况，整个机构传动部分均未达到工艺要求，各部件配合较差，主要体现在与辅助触头连接的绝缘拉杆螺栓紧固位置、垫圈安装位置、紧固胶使用等均不符合要求。上述安装质量问题导致两根与辅助触头连接的绝缘拉杆松动变形，尼龙滑块与导槽间摩擦阻力增大、合闸电阻辅助触头机构运动速度变慢，合闸电阻投入时间变长。同时，异常摩擦力也导致了滑块、滑槽受损并出现金属碎屑。

（3）由于巴×站故障设备解体分析过程指挥部派出的专家组均未全程参与，但从巴×变电站解体照片及昌×变电站解体情况可以推论：巴×变电站 201 断路器由于厂家装配工艺较差，甚至装配质量低于昌×站设备，故障程度更为严重，已经出现辅助触头连杆弯曲，铝质导槽严重磨损产生大量金属碎屑，甚至碎块。

鉴于巴×、昌×站均出现同样隐患，经了解，厂家 330kV 带合闸电阻断路器组装应在相应专业车间组装，而厂家提供的该批断路器是在其他车间组装，组装人员对该结构断路器工艺要求不熟悉，组装过程未按照工艺质量控制要求，装配中存在较大随意性。因此，除目前已暴露出的问题外，该批产品可能在多个环节出现工艺和质量失控，目前巴×站 201 间隔 A、B 相为同批次产品，运行风险较大。

3. 结论与建议

对于各电压等级的 GIS 断路器，应加强其合闸电阻的检测和试验，防止断路器合闸电阻缺陷引发故障。在现场安装过程中，应检查组合电器内部是否有金属碎屑，并进行彻底清理。

220kV 变电站 220kV 线路 B 相故障分析

一、案例简介

1. 设备基本信息

220kV 新×站共有 7 台 LW6－220 型 SF$_6$ 断路器,出厂日期均为 1999 年 7 月,投运日期均为 2001 年 4 月,额定电流 3150A,额定短路开断电流 40kA。2011 年,鉴于 LW6－220 型 SF$_6$ 断路器普遍存在绝缘拉杆无定位销、黏结材料老化的缺陷,极易发生绝缘拉杆松动、脱落的隐患,全省对该型断路器开展了隐患排查整治。新×站共有 3 台该型断路器于 2014 年进行了返厂大修消缺处理,分别是:棉×二线 266 断路器、旁路 215 断路器、母联 212 断路器。对剩余的桥×线 261 断路器、南×线 262 断路器、棉×线 270 断路器、坝×线 267 断路器开展运行时跟踪监视。

2. 故障前运行方式

220kV 新×变电站 220kV Ⅰ、Ⅱ母并列运行,旁母热备用;220kV 桥×线 261 断路器、棉×线 270 断路器、棉×一线 268 断路器、1 号主变压器 201 断路器运行于 220kV Ⅰ母;220kV 棉×二线 266 断路器、坝×线 267 断路器、南×线 262 断路器、2 号主变压器 202 断路器运行于 220kV Ⅱ号母线;110kV 松×线运行于 110kV Ⅲ号母线。运行方式如图 2－1 所示。

3. 缺陷概述三、故障情况

2016 年 1 月 28 日 20:55:54,220kV 桥×线 B 相发生接地故障,约 20ms,新×站侧 1 号保护纵联差动,2 号保护纵联零序、纵联距离保护动作出口,B 相断路器单跳不成功;同时,大桥电厂侧 1 号保护纵联差动、2 号保护纵联距离保护动作,断路器跳闸。

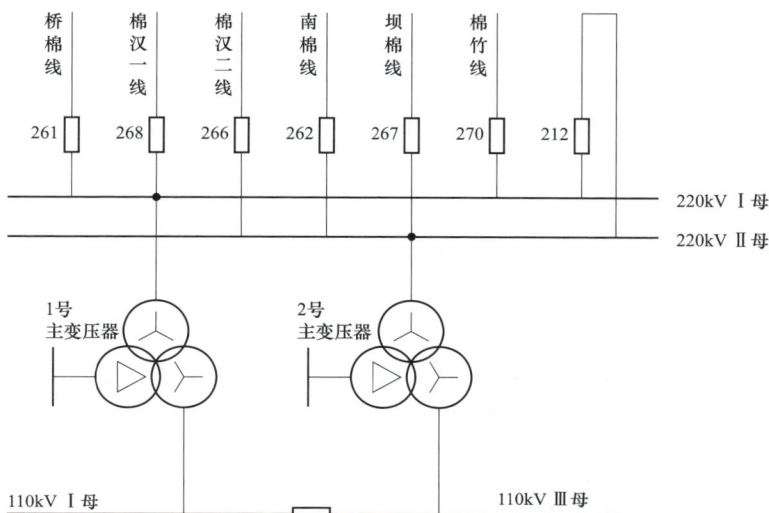

图 2-1 220kV 新×站 2016 年 1 月 28 日运行方式简图

B 相单跳失败后，沟通三跳启动，170ms 后三跳，A、C 相跳闸，B 相未跳开。

约 330ms，母差失灵保护动作，420ms 后 220kV Ⅰ 母所有断路器间隔（桥×线、棉×线、棉×一线、1 号主变压器 201）及母联 212 断路器跳闸（桥×线断路器跳闸不成功），至此，所有电源全部消失，故障切除。同时，因母差失灵切除 220kV 棉×一线，新×站安控装置动作，切除 220kV 坝×线及 110kV 松×线。

值班员现场检查 220kV 桥×线 261、棉×线 270、棉×一线 268、坝×线 267、母联断路器 212、1 号主变压器 201 和 110kV 松×线 153 断路器在分闸位置。

二、案例分析

1. 保护动作行为分析

从图 2-2 和图 2-3 桥×线保护装置故障录波可知（因本站无对时装置，动作时间以 2 号保护装置时间为准），约 20ms 时 TZB 动作，约 90ms 时 TWB 开入为 1，说明保护装置 B 相跳闸正确出口，B 相跳闸位置正确返回（考虑断路器固有动作时间 80ms）。从故障录波看，故障电流并未切除。

约 170ms 时保护三跳出口，TZA、TZB、TZC 同时动作，250ms 左右时 TWA、TWB、TWC 开入为 1，说明保护三跳正确出口，断路器三相跳闸位置正确返回。约 210ms 时 A、C 两相电流为零，说明 A、C 两相正确分闸，但此时 B 相故障电流仍未消失。

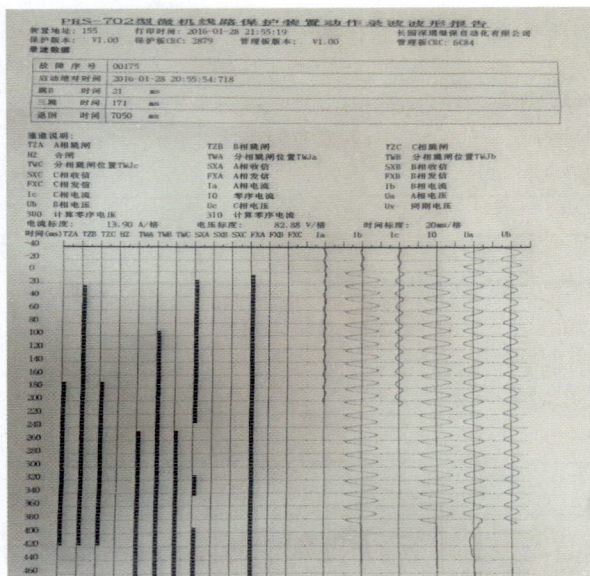

图 2-2　桥×线 2 号保护装置故障录波

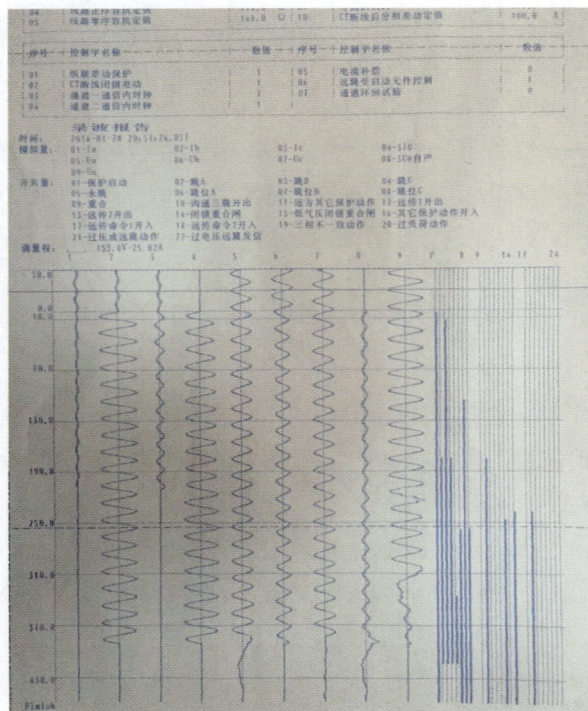

图 2-3　桥×线 1 号保护装置故障录波

新×站母差保护配置有失灵保护功能，动作时间定值为 300ms。因桥×线三跳动作后均持续有电流，母差失灵保护约 320ms 动作，联跳 220kV Ⅰ母所有断路器间隔及母联 212 断路器，至此电源全部切除。约 420ms 时桥×线故障电流消失。

母差失灵保护联跳 220kV 棉×一线后，220kV 棉×二线过载（负荷 409MW），为确保电网稳定，安控装置按照策略表，联切 220kV 坝×线、110kV 松×线。

2. 一次设备试验检查

对桥×线 261 断路器进行试验检查，测试三相分、合闸时间，回路电阻，断口绝缘数据见表 2-1。

表 2-1　　　　　　　　　桥×线 261 断路器试验数据

相别	A 相		B 相		C 相	
	A1	A2	B1	B2	C1	C2
分闸时间（ms）	27.3	27.2	25.9	23.6	27.2	27.2
分闸相间不同期（ms）	3.7					
合闸时间（ms）	71.8	71.9	63.7	63.8	72.9	72.9
合闸相间不同期（ms）	9.2					
回路电阻（μΩ）	63		66		53	
断口绝缘电阻（MΩ）	5000		5000		5000	
总行程（mm）	151		130		152	
接触行程（mm）	45	44	由于提升杆转动，传感器位置不能固定，无法测试		43	44

由表 2-1 可得，由于 B 相分、合闸时间均比其他两相明显偏小，所以桥×线 261 断路器分、合闸相间不同期均严重超标；B 相总行程比标准值小了 20mm；B 相接触行程更是由于金属拉杆与绝缘拉杆间产生了位移，在分合闸时金属拉杆发生转动，测速用传感器不能有效固定在金属拉杆上，无法开展测试；断路器合闸时三相回路电阻值均属于正常范围，说明断路器三相合闸均到位；断路器分闸时断口间绝缘电阻值属于正常范围，说明断路器三相均已分闸，但不能说明分闸是否到位。

同时，开展了对其余 3 台未返厂大修断路器的诊断性试验。南×线 262 断路器和棉×线 270 断路器的试验数据均合格。但是，坝×线 267 断路器 B 相总行程只有 134mm，比标准值小了 16mm，且分合闸时金属拉杆发生明显转动，说明该相断路器出现了与桥×线 261 断路器 B 相类似的问题。

现场检查了上述 4 台断路器的液压操动机构及二次回路，均无异常。

3. 设备解体检查

对桥×线 261 断路器 B 相本体进行了返厂解体检查，如图 2-4～图 2-7 所示。

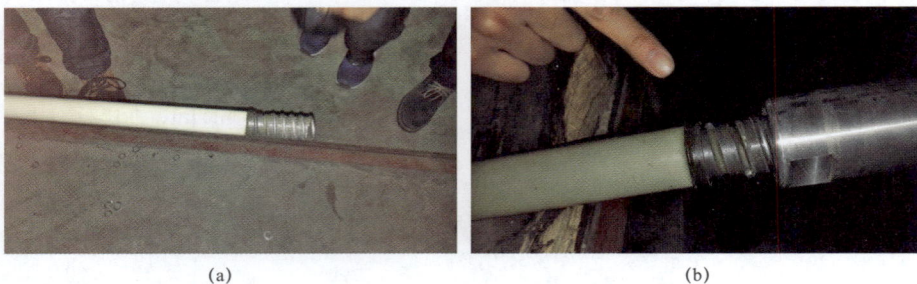

图 2-4　绝缘拉杆下部与金属拉杆的螺纹连接处弹簧退丝情况

（a）绝缘拉杆下部；（b）弹簧退丝

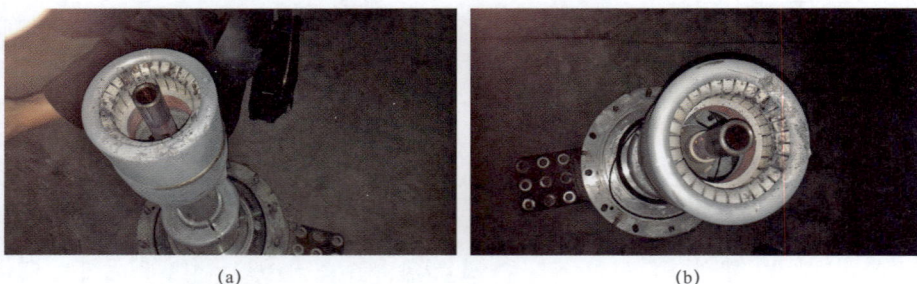

图 2-5　两个断口的静主触头及屏蔽罩烧灼情况

（a）静主触头侧视图；（b）静主触头俯视图

图 2-6　两个断口的动主触头、压气缸及绝缘喷嘴烧灼情况

（a）正视图 1；（b）正视图 2

图 2-7　一个断口的动弧触头瓣明显胀大情况

由图 2-7 可得，桥×线 261 断路器 B 相绝缘拉杆下部与金属拉杆的螺纹连接处弹簧退丝严重，退丝一圈半左右，折合拉杆竖直方向移动距离 20mm，相当于绝缘拉杆被加长，同时螺纹连接处的黏结材料硬化脱落。两个断口的静主触头及屏蔽罩、动主触头、压气缸及绝缘喷嘴均存在明显的电弧烧灼痕迹。两个断口动弧触头的触指瓣明显胀大，被完全顶松，静弧触头插入后两者不能紧密接触。此外，由主触头接触痕迹可得，两个断口动静触头的对中性良好。

4. 缺陷分析

由于 1 月 28 日 18 时以后 220kV 桥×线靠近大桥水电站侧正下大雪，导致线路周边树林倾斜倒伏较严重。20:55:54，由于树竹倾斜倒伏，220kV 桥×线距新×站 64.6km 处 B 相发生接地故障。

桥×线 261 断路器 B 相绝缘拉杆与金属拉杆间是靠螺纹来传递操作动力的。但是，由于存在绝缘拉杆无定位销、黏结材料老化的缺陷，绝缘拉杆在断路器操作过程中受到相当大的冲击力，造成黏结破坏而出现拉杆松动，绝缘拉杆下部与金属拉杆的螺纹连接处出现退丝现象。退丝过程随着操作的次数增加而不断累积，特别是液压机构在操作的时候，其活塞往往存在着一定的转动，从而加剧了拉杆的退丝过程。此次断路器解体发现拉杆已经退丝一圈半左右，折合拉杆竖直方向移动距离 20mm，相当于绝缘拉杆被加长，同时螺纹连接处的黏结材料硬化脱落。合闸时绝缘拉杆带动动触头向上伸，使得断路器的开距减小，接触行程增大。随着接触行程的加大，导致静弧触头插入动弧触头的深度增加。当接触行程增加 12mm 以上时，静弧触头就会顶到动弧触头的根部，动弧触头的触指瓣被明显胀大且完全顶松，导致静弧触头与动弧触头实际接触不可靠，造成分闸时弧触头先分离，主触头后于弧触头分离，电弧电流始终流过主触头而无法熄弧，故障电流无法切除，继而引起 220kV 1 号母差失灵保护和安控先后动作。本次故障中继电保护动作正确。

5. 缺陷原因

结合前面保护动作行为分析和一次设备试验检查结果，本次故障起因为大雪天树竹倾斜倒伏导致 220kV 桥×线 B 相短路接地故障，故障扩大原因为桥×线 261 断路器 B 相绝缘拉杆下部与金属拉杆的螺纹连接处退丝严重，相当于绝缘拉杆被加长，合闸时绝缘拉杆带动动触头向上伸，导致静弧触头插入动弧触头的深度增加，动弧触头的触指瓣被完全顶松，导致静弧触头与动弧触头实际接触不可靠，造成分闸时弧触头先分离，主触头后于弧触头分离，电弧电流始终流过主触头而无法熄弧，故障电流无法切除，继而引起 220kV 1 号母差失灵保护和安控先后动作。本次故障中继电保护动作正确。

6. 结论与建议

立即安排绝缘拉杆松动的桥×线 261 断路器和坝×线 267 断路器开展返厂大修，同时对试验数据正常的南×线 262 断路器和棉×线 270 断路器开展"绝缘拉杆松动位移标识线"的重新标记和监视运行工作。加快新×站综合改造，该站计划 2016 年进行全站综合改造，内容含全站综合自动化系统和 220kV 改造为 HGIS 设备。尽快退出 LW6－220 型 SF$_6$ 断路器，建议设备到货后立即开展，彻底消除设备隐患。

全省开展 LW6－220 型 SF$_6$ 断路器排查及整治工作，尽快开展对未加装定位销的断路器的返厂大修或整体更换工作。在隐患整治前，日常运行时应加强对该型断路器的运行监视，在断路器分合闸到位后，应检查监控和保护装置的动作信息情况，并检查断路器操作后一次回路电流、电压是否正常。鉴于"绝缘拉杆松动位移标识线"效果有限，建议断路器每动作一次，应及时安排停电并开展机械特性试验。

对于已换修过的 LW6－220 型 SF$_6$ 断路器，应结合停电检修，进行机械特性的跟踪监督试验。

换流站 5622 断路器 A 相灭弧室漏气故障

一、案例简介

2016 年 9 月 6 日，德×换流站 5622 交流滤波器断路器发生低气压报警，5622 断路器 A 相 SF$_6$ 气压为 0.52MPa，B 相 SF$_6$ 气压为 0.61MPa，C 相 SF$_6$ 气压为 0.64MPa。SF$_6$ 气压低告警定值为 0.52MPa，分合闸闭锁定值为 0.5MPa。经排查为灭弧室下端漏气，断路器型号为 LW10B－550W/YT，于 2009 年 11 月投入运行。

二、案例分析

1. 缺陷查找

（1）9月6日下午，使用红外检漏成像仪对5622断路器A相进行检漏，检查发现5622断路器A相断路器灭弧室下端部有明显漏点（三联箱与灭弧室连接部位）。

（2）5622断路器A相投运到现在总共操作389次，5622断路器分合情况见表2-2。

表2-2 　　　　　　　　　　5622断路器分合情况

时间	5622开关相动作情况
8月22日 22:07	合
9月1日 12:06	分
9月2日 06:24	合
9月2日 23:09	分
9月3日 14:03	合
9月4日 18:18	分

（3）2016年5622断路器操作次数见表2-3。

表2-3 　　　　　　　　　　5622断路器操作次数

月份	1	2	3	4	5	6	7	8	9月（截至6号）
动作次数	1	0	7	0	5	1	5	2	5

（4）德×换流站交流滤波器断路器型号为LW10B-550W/YT，2009年11月投入运行，德×换流站交流滤波器断路器之前出现过2次同类故障：

1）2015年6月6日，德×换流站交流滤波器5622。断路器C相在操作后出现SF_6气体泄漏报警，经红外线测漏仪检查为灭弧室瓷套胶装处漏气。

2）2012年9月25日，德×换流站5624断路器A相SF_6压力低告警（告警值0.52MPa），9h后闭锁，现场使用红外检漏成像仪检测发现靠母线侧灭弧室下端部有SF_6气体渗漏现象。

2. 缺陷处理

（1）9月10日上午检修班组拆下5622断路器A相故障灭弧室，对故障灭弧室进行检漏发现漏点在5622断路器靠滤波器侧灭弧室底部，如图2-8所示。

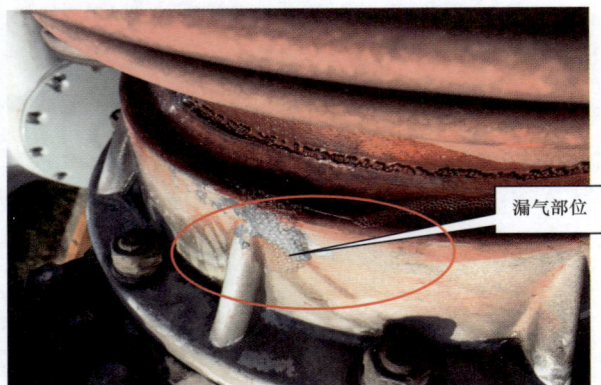

图 2-8　漏气部位

（2）将故障灭弧室均压电容拆卸下来，对均压电容做电容量、介损和绝缘试验，试验合格，将故障灭弧室的均压电容安装至新灭弧室上。

（3）将新灭弧室重新吊装，对灭弧室及三联箱分别抽真空，充检验合格的 SF_6 气体，灭弧室压力充至 0.64MPa，恢复断路器两侧引流线。

（4）9 月 11 日上午，对 5622 断路器 A 相进行了回路电阻试验和机械特性试验，试验数据合格；对 5622 断路器 A 相进行红外检漏测试，无异常，如图 2-9 所示。

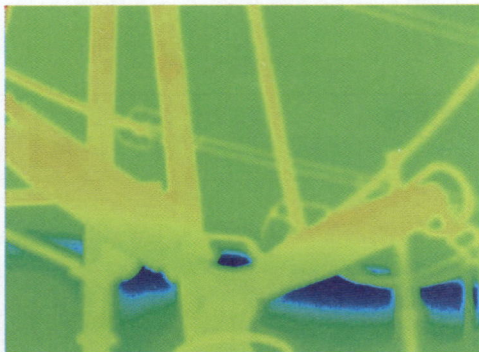

图 2-9　红外检漏

（5）9 月 12 日上午对充 SF_6 新气静置 24h 后的 5622 A 相断路器进行微水试验，试验合格后开关恢复热备用。

3. 缺陷分析

（1）9 月 20 日，在厂家检修基地对本次漏气断路器实施解体，分析漏气原因，解体情况如下：

1）拆解灭弧组件，如图 2－10 所示。

图 2－10　拆解灭弧组件

2）检查瓷套裂纹，如图 2－11 所示。

图 2－11　检查瓷套裂纹

3）瓷套内壁发现明显裂纹，如图 2－12 所示。

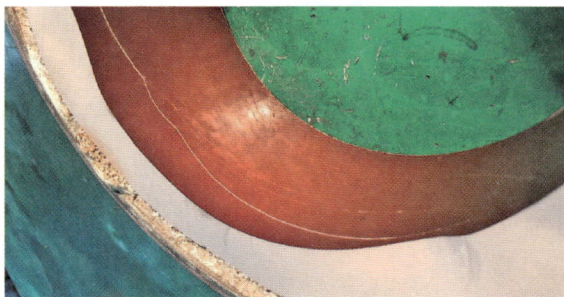

图 2－12　瓷套内壁裂纹

4）故障瓷套密封面未发现裂纹但内孔局部倒角发现有磨损痕迹，如图 2－13 所示。

图 2-13 内孔局部倒角磨损痕迹

5）在动触头缸体发现了对应的轻微压痕，如图 2-14 所示。

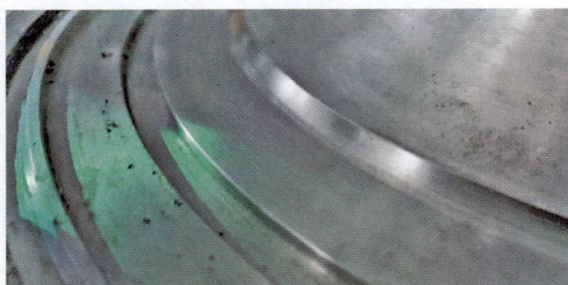

图 2-14 动触头缸体轻微压痕

经对照查看，瓷套内孔磨损位置同动触头缸体压痕位置按照装配关系刚好对应。

（2）产品结构简述。动触头与瓷套局部相关结构及尺寸如图 2-15 所示。

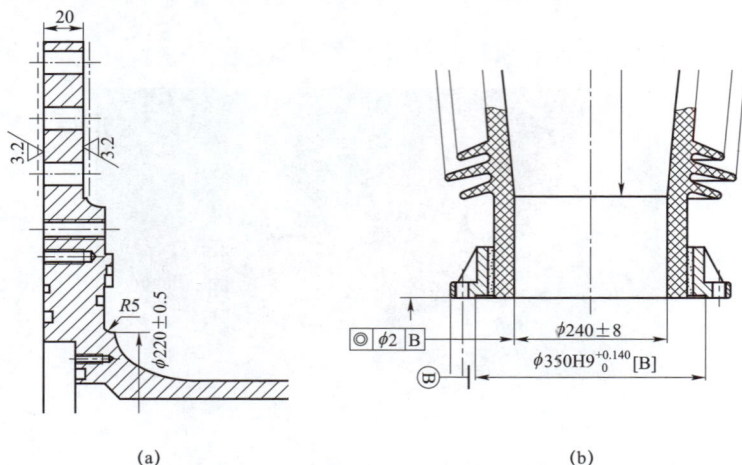

图 2-15 动触头与瓷套局部相关结构及尺寸

（a）灭弧室动触头局部图；（b）瓷套局部图

灭弧室动触头与瓷套装配关系如图 2-16 所示。

鼓型瓷套装配内径尺寸是 $\phi240\pm8$,瓷套内孔尺寸最小应为 $\phi232$,如图 2-17 所示。

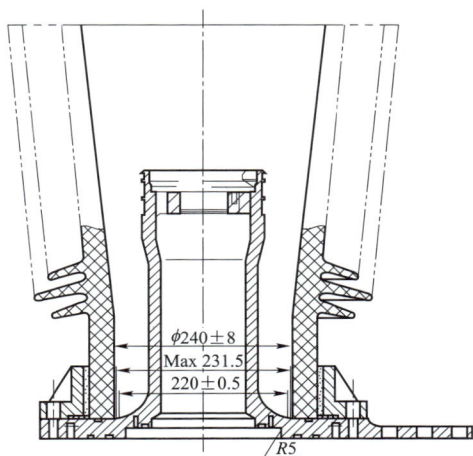

图 2-16　灭弧室动触头与瓷套装配关系

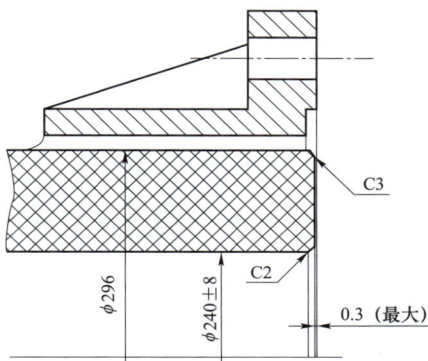

图 2-17　鼓型瓷套

动触头缸体突起部分尺寸要求 $\phi220\pm0.5$（见图 2-18），倒角按 GB/T 1804—2000《一般公差　未注公差的线性和角度尺寸的公差》的规定，$R5$ 的未注公差为 ±0.5，缸体法兰面凸起部分的尺寸最大值为

$$\phi[220+0.5+(5+0.5)\times2]=\phi231.5（mm）$$

经测量，故障产品瓷套内孔尺寸为 $\phi227.5mm$,不符合图样 $\phi240\pm8mm$ 的要求。

（3）漏气原因判断。经对照图纸装配尺寸，并结合实际测量尺寸，初步怀疑该漏气产品在装配后，瓷套内孔倒角处与动触头缸体圆角有

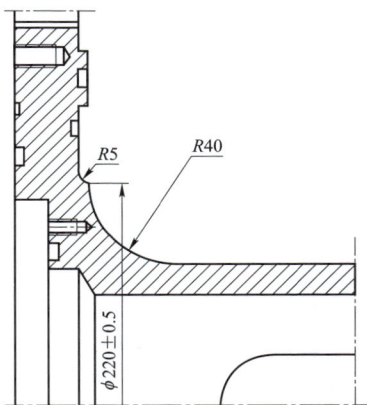

图 2-18　缸体局部尺寸图

接触，在螺栓紧固的作用下，瓷套持续受到非正常的压力。截至目前出现的 3 次漏气产品均属于滤波器断路器，主要用于投切滤波器组，操作相对比较频繁，在多年的运行过程中，反复受力。由于瓷套属于玻璃体，在长期应力作用下，瓷套内部最薄弱的部位达到疲劳极限后突然发生应力释放，产生贯穿性裂纹，SF_6 气体通过瓷套内壁裂纹直接经过水泥胶装处泄漏。漏气通道如图 2-19 所示。

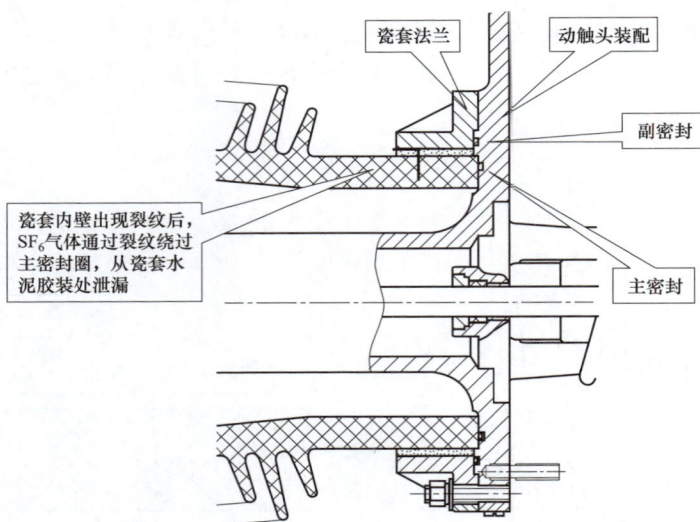

图2-19 漏气通道

根据本次产品解体情况，以及对产生漏气原因的初步判断，受瓷套烧结工艺限制，尺寸控制难度较大，可能存在部分尺寸超差现象。

4. 结论与建议

（1）要求厂家核实相应产品生产装配及检测的原始记录，核对瓷套内径尺寸是否符合图样要求，确定隐患产品涉及范围及数量，在9月30日之前完成此项工作。

（2）10月31日前厂家提供1相灭弧组件放置于其检修基地，作为应急备件。

（3）厂家准备3台灭弧组件，在11月德×换流站停电检修期间对隐患产品进行更换，更换下的灭弧组件返厂进行解体检修，对瓷套内径尺寸不合格的进行更换，对所有灭弧室动、静触头及灭弧室检修，并完成相关试验进行下一批次轮换。此次轮换涉及19台断路器（2012年、2015年、2016年更换过3相，灭弧室瓷套已采用新工艺不再轮换）。2017年1～6月完成剩余15台灭弧室轮换检修。

35kV 变电站 35kV 断路器拒分故障

一、案例简介

35kV某变电站35kV断路器型号为LW8-35AG，断路器机构为CT10-A型弹簧操动机构，总共6台断路器。这6台断路器于2010年4月投运，在2013年4月9日发生了老×线354断路器拒分现象，造成了分闸线圈烧损。

检查过程中发现分闸半轴与扇形板间脱扣已脱开，但断路器机构未分闸。将机构分闸后对机构进行分合闸操作，无论是手动还是电动操作，机构均能正常分合闸。经过多次分合闸操作后，并未发生拒分等异常现象。

二、案例分析

1. 缺陷查找

检修试验人员结合机构使用说明书的分合闸示意图进行分析，认为可能的原因为：凸轮在储能位置时与输出连板夹角过小使凸轮与输出连板形成了死点。机构在合闸已储能状态下，凸轮接触到输出连板上的滚轮并与滚轮间有一定的压力。在机构长时间不动作的情况下，这个压力会造成凸轮与滚轮间形成一定的黏合力，加上接触部分润滑油氧化，润滑效果不佳，虽然分闸脱扣已脱开，但输出连板因凸轮与滚轮间黏合力较大而无法向分闸方向运动，造成了断路器机构拒分现象。当机构经人为克服了这个黏合力分闸后，短时间内机构在合闸已储能状态下，凸轮与滚轮间黏合力不大，润滑油经过运动恢复了润滑效果，因此短时间内机构不会出现拒分现象。CT10-A型弹簧操动机构合闸已储能示意和主要元件示意图分别如图2-20和图2-21所示。

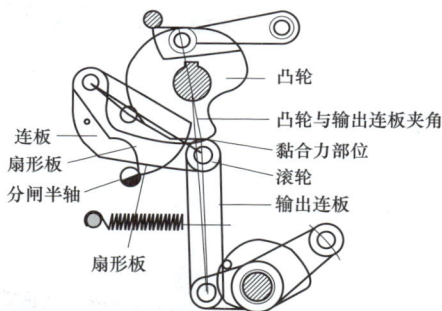

图2-20 CT10-A型弹簧操动机构合闸已储能示意图

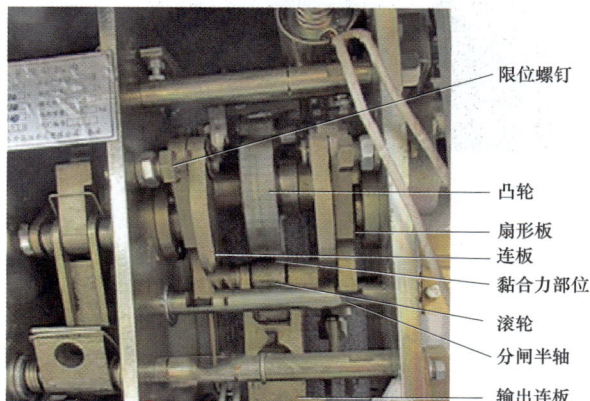

图2-21 CT10-A型弹簧操动机构主要元件示意图

2. 缺陷处理

检修试验人员经研究讨论后得出较为可行的调整方法，如图 2-22 所示。

限位螺钉

连板

输出连板

图 2-22 CT10-A 型弹簧操动机构调整方式

调整机构分闸扇形板的限位螺钉使分闸连板带动输出连板向里运动，使机构在合闸已储能状态下凸轮与输出连板间的夹角变大而远离死点，即使断路器机构长期不动作也不影响断路器正常分闸，如图 2-23 所示。

图 2-23 CT10-A 型弹簧操动机构的分闸连板

检修试验人员于 4 月 28 日将 35kV 老×线 354 断路器停电检查，并联系厂家进行了现场分析及指导。厂家技术人员经过机构故障排查分析，肯定了检修人员的分析判断结论。

厂家人员告知现已对分闸连板（见图 2-24）进行了改进，即在分闸连板与轴销间加装了铜套，这样可以有效地减小分闸连板与轴销间的摩擦力，有效解决因分闸连板与轴销卡涩造成的断路器拒分现象。检修试验工区已向厂家订购了此类改进型的机构分闸连板，并在 6 月结合炳×变电站检修工作对 35kV 断路器机构进行了改造，解决了此类断路器的拒分问题。

图 2-24　分闸连板实物图

LW6-220W 型断路器螺旋形绝缘拉杆家族性缺陷

一、案例简介

某供电公司在进行预防性试验时发现一台型号为 LW6-220W 型断路器三相分合闸同期不合格，经检查发现，主要原因为该断路器螺旋型绝缘拉杆存在设计缺陷，松动造成了拉杆变位，影响到断路器的分、合闸行程。

二、案例分析

1. 缺陷查找

该断路器于 1997 年 11 月出厂，并于同年 12 月投入运行，三相联动操作，三相共用一套液压操动机构。该断路器的动力单元主要元件包括工作缸、供排油阀、主储压器、辅助油箱等；液压元件主要有电机、油压开关、低压主油箱、压力监视装置、控制阀、分合闸电磁铁、辅助开关、三级阀、辅助储压器等。

通过对该型断路器的工作原理的分析，认为造成断路器同期不合格的主要原因有以下几个方面：

（1）合闸时间长。液压元件分合闸电磁铁由分、合闸线圈及铁芯组成，用于电动控制断路器分合闸，其分、合闸电磁铁芯行程调整不当或操作电压不在工作范围内将造成分、合闸时间不合格。

（2）液压管路有气体。分、合闸液压管路用来传递机构给出的分、合闸命令，如管路中气体不充分排尽，将使油中混有气体，使断路器动作性能不稳定，造成分、合闸同期不合格。

（3）工作缸行程不合格或启动慢。工作缸是断路器的驱动装置，它和提升杆连接，带动三联箱中的拐臂，使断路器做分、合闸运动。如某一相的行程不合格或启动慢，可造成断路器同期不合格。

（4）机械尺寸变化。绝缘拉杆用来承接机构与本体电极的传动部件，如松动可造成机械尺寸变化，同期不合格。

由于合闸时间长，工作缸行程不合格或启动慢这两个原因是由厂家制作工艺好坏决定的，经检查与试验分、合闸时间合格，储压器压力值合格，工作缸行程合格且动作可靠，因此可排除此类原因；同时对液压管路中是否存在气体进行分析，与少油断路器相比，LW6–220W 型断路器分、合闸命令主要靠液压管路传递，且该断路器三相管路各自一体，每相都配备一套独立的分、合闸命令管，与低压回油管直接从机构传至本体工作缸。传递路线长，管路多，因此为保证断路器的机械特性的稳定性，要求必须对液压系统进行充分排气，以排除混入液压油内部的气体，经过多次充分排气及实验，发现同期仍不合格，且每次实验数据不断变化；之后，对三相工作缸行程及断路器超行程进行检查，发现断路器三相超行程严重不合格（见表 2–4），为进一步确定原因，将断路器底座偏盖拆除，用扳手转动工作缸连接法兰，发现法兰上、下部同时转动，出现这种情况的原因只有绝缘拉杆松动，说明绝缘拉杆松动造成机械尺寸变化就是导致本次断路器分、合闸同期不合格的主要原因。

表 2–4　　　　　　　　LW6–220W 型断路器测试数据

项目	标准值	实测值		
		A 相	B 相	C 相
工作缸总行程（mm）	150±1	150	150	150
动触头超程（mm）	43±4	断口 1　33	52	57
		断口 2　35	56	55
支柱装配接头尺寸（mm）	121±1	155	142	137
分闸同相断口不同期（ms）	≤2	67	63	62
合闸同相断口不同期（ms）	≤3	25	31	32

2. 缺陷分析

SF_6 断路器产品中绝缘拉杆起着较为重要的作用，它是各类断路器传动过程中承接着机构和本体高压电极的重要传动部件，而绝缘拉杆设计的合理可靠性直接关系着产品的传动特性和产品整体绝缘质量。现有的绝缘拉杆材料多样，电极形状各异，在设计中如何合理的选用成为产品设计的一个关键环节。

将断路器 SF_6 气体回收解体后，发现绝缘拉杆端口连接处通过 S 形弹簧，再填充 Y－150 双组分厌氧胶作为连接媒介进行连接。S 形弹簧共 5 圈，弹簧直径约 4mm。B、C 两相连杆、连接弹簧、绝缘拉杆已完全松动，且 B 相连接弹簧 1/4 的部位已断裂，A 相拉杆上下部位全松动，并已造成脱离。三相下连杆端口部位有黏胶的痕迹，弹簧及下连杆和绝缘拉杆四口部位只有轻微的黏胶痕迹，分析为高压力的液压油进入圆形工作缸时，可能对活塞造成一个逆向旋转力，使绝缘拉杆旋转到一定程度时松动，导致断路器同期不合格且不断变化，如图 2－25～图 2－27 所示。

图 2－25　整体绝缘拉杆

图 2－26　绝缘拉杆分解后内螺纹

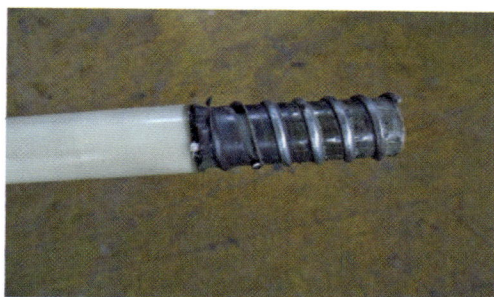

图 2－27　绝缘拉杆分解后螺杆

3. 缺陷处理

对于 LW6－220W 型断路器，由于其检修周期在 15～20 年，同时对绝缘拉杆松动问题没有任何检测手段，经反复研究分析，决定对该型结构的绝缘拉杆端口旋接处除采用胶粘外，另外又采取加圆柱销钉用来定位的方法，确保绝缘拉杆不再松动，如图 2－28 所示。

图 2-28 改造后的绝缘拉杆

4. 结论与建议

断路器绝缘拉杆松动，对断路器的安全稳定运行造成很大的威胁，如果绝缘拉杆长期处于松动状态，将有可能造成绝缘拉杆变形，甚至断裂，将可能使断路器不能进行正常的分合闸，有可能造成断路器爆炸事故。因此，通过对此类缺陷的处理，认为在日常的维护工作中应严格按照维护项目进行检查，复查电气设备的电气和机械性能，测量全行程，测量工作缸行程，触头超程，对存在的缺陷应及时消除。

500kV 变电站 322 断路器分闸故障分析

一、案例简介

1. 故障前电网运行方式

500kV 尖×站 35kV 4 号电抗器 322 断路器型号为 LW34B-40.5 型户外高压 SF_6 断路器，出厂编号为 2011.2183，生产日期为 2011 年 4 月，投运日期为 2011 年 7 月，额定电压为 40.5kV，额定电流为 1600A，额定短路开断电流为 40kA，额定背对背电容器组关合涌流为 20kA，额定并联电抗器组开断电流为 1600A。

2017 年 1 月 16 日，500kV 尖×站全站按照标准运行方式运行，35kV Ⅱ母及其支路运行情况如下：

（1）35kV 3 号电抗器 321 断路器及 6 号电抗器 323 断路器热备用。

（2）35kV 4 号电抗器 322 断路器运行。

（3）35kV 4 号电容器 325 断路器热备用。

（4）35kV 3 号电容器 324 断路器冷备用。

（5）35kV 2 号主变压器 302 断路器运行。

（6）35kV 2 号站用变压器 329 断路器运行。

故障前 1 号和 2 号主变压器负荷均为 66 万 kW，如图 2-29 所示。

2. 故障描述

2017 年 1 月 16 日 14:45，省调下令 35kV 4 号电抗器 322 断路器转热备用。

15:20 第一次对 322 断路器进行冲击合闸试验，运行近 10min。

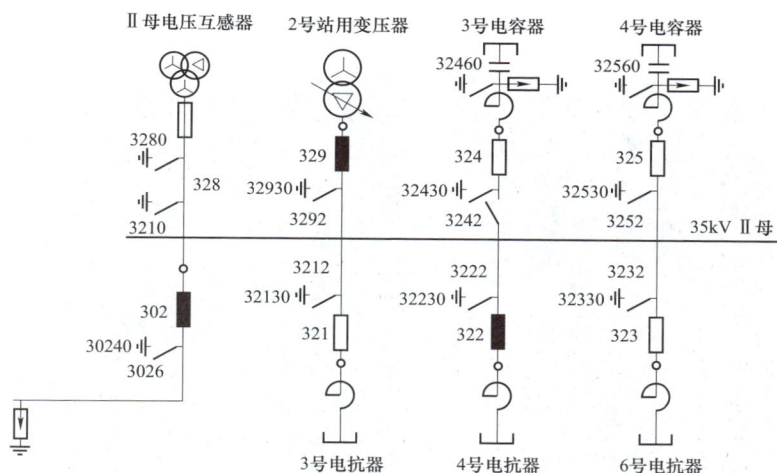

图 2-29 故障前系统运行方式

15:29 准备拉开 322 断路器，在断路器分闸过程中发生 322 断路器故障，4 号电抗器 322 断路器 A、C 相爆炸，三相短路接地，电抗器过电流保护动作，2 号主变压器低压侧过电流保护动作，302 断路器跳闸，低压侧故障电流有效值 31.7kA，持续 1003ms。2 号备自投装置动作，目前 10kV 0 号站用变压器带 380V Ⅱ段。

保护动作情况简述。

（1）322 开关保护动作情况（电流互感器变比为 1250/5）：15:29:15.200，保护过电流Ⅰ段动作，C 相接地故障，$I_c = 127.08A$。

（2）2 号主变压器保护动作情况：2 号主变压器 1 号和 2 号保护装置Ⅲ侧过电流 T22，Ⅲ侧过电流 T21，低压绕组过电流 T11 动作，动作相别 ABC，相对时间 1003ms。故障最大电流有效值 31770A。

二、案例分析

1. 保护动作行为分析

本次 322 断路器爆炸事故，对应二次录波及保护动作情况可分为 5 个过程。

15:19:30 322 断路器合闸后，主变压器低压侧电流 I_a、I_b、I_c 幅值相等，角度正序，35kV 母线Ⅱ电压 U_a、U_b、U_c 幅值相等，角度正序，表明电抗工作正常，电压超前电流 86°，负荷电流约为 1000A，如图 2-30 所示。

15:29:44 322 断路器遥控分闸时，从主变压器低压侧录波来看，拉开断路器后，B 相电流瞬间降为 0，AC 相电流未消失，大小为负荷电流的 87%，电流维持在 875A 左右，如图 2-31 所示。

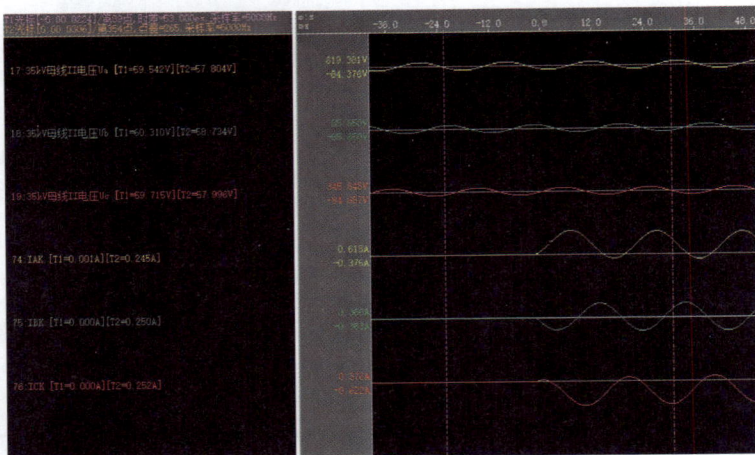

图 2-30　322 断路器合闸时故障录波图

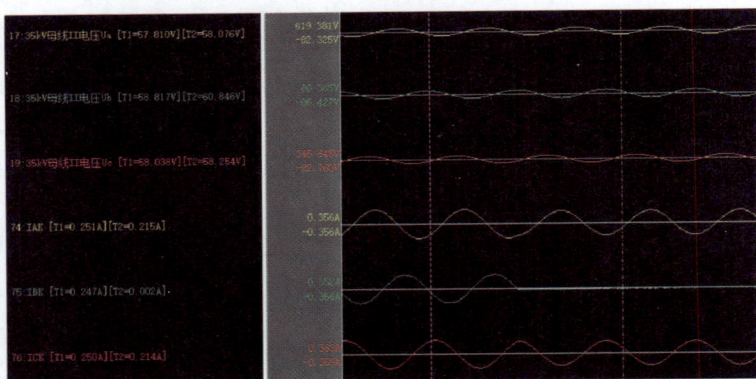

图 2-31　322 断路器分闸时故障录波记录的主变压器低压侧模拟量波形

15:29:49:872　从图 2-32 所示录波图可以看出 322 断路器 A 相发生爆炸后，10ms 内（图中 T1 时刻）发生了典型的 AB 两相短路波形（排除了两相短路接地可能是因为中性点不接地系统，发生金属性两相接地故障时，健全相的电压增大为正常相电压的 1.5 倍，实际 C 相当时电压并未增大）。推断出 A 相先发生了爆炸，并波及 B 相形成了 AB 相间短路。

15:29:49:882　即 A 相爆炸 10ms 后（T2 时刻），C 相发生爆炸，引起三相电压骤降为 0，波形显示为典型的三相短路故障或三相短路接地（不接地系统三相短路与三相短路接地波形无任何区别，无法界定），但从现场故障情况来看，三相短路接地可能性更大，一次电流有效值达到 32kA 左右，瞬时值平均值约为

45.1kA，其中最大峰值达到 65kA。

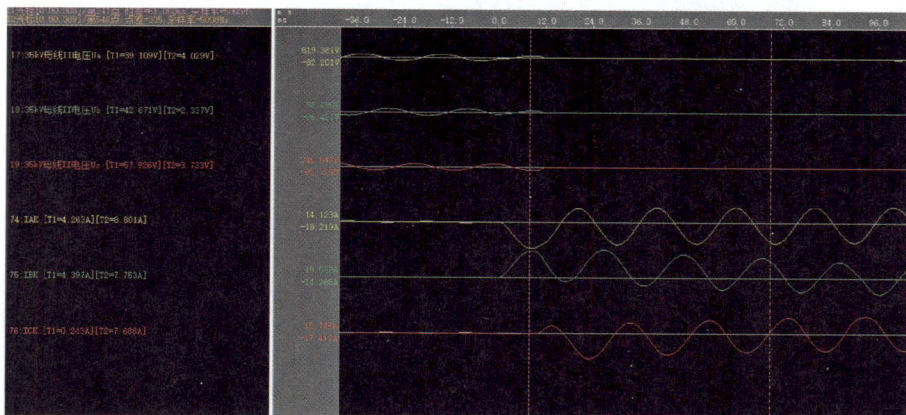

图 2-32　322 断路器爆炸时故障录波记录的主变压器低压侧模拟量波形

15:29:50:72　322 断路器爆炸后 200ms，322 电抗器保护动作，如图 2-33 所示。

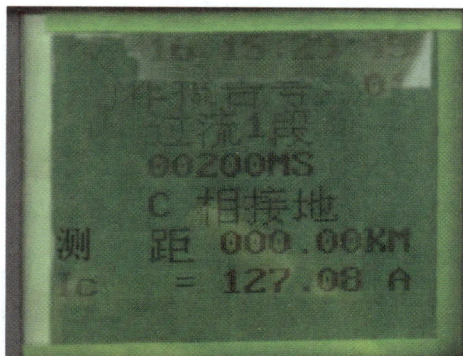

图 2-33　322 电抗器保护动作报告

由于 322 断路器电流互感器安装在靠近电抗器侧，且 B 相未安装电流互感器，所以 322 断路器电流互感器无法记录断路器爆炸波形，其波形不具有参考意义，但是从 C 相有较大电流可以看出，C 相爆炸产生的电流弧光已经波及电流互感器与电抗器之间，所以 322 电抗器保护正确选相 C 相接地，正确动作。

断路器爆炸后导致 322 断路器 ABC 三相短路接地，属于 2 号主变压器低压侧后备保护范围。短路后电流急剧增大，大于主变压器低压侧复压过电流定值，故障持续 1003ms，超过复压过电流时限，主变压器低压侧后备保护动作出口，将ABC 三相短路接地故障消除，如图 2-34～图 2-36 所示。

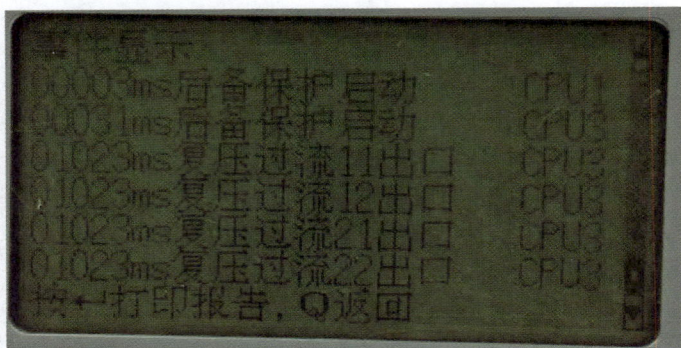

图 2-34　2 号主变压器 PST1200 保护动作报文

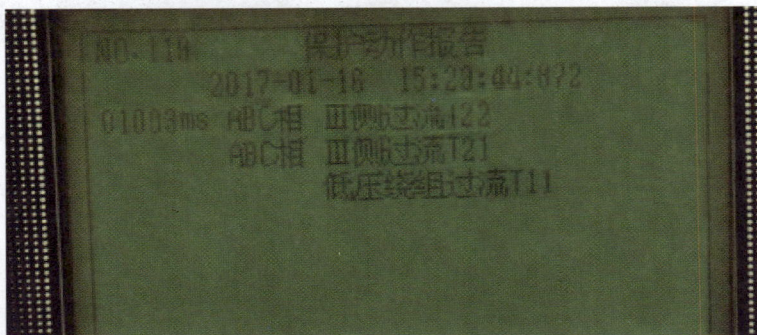

图 2-35　2 号主变压器 RCS978 保护动作报文

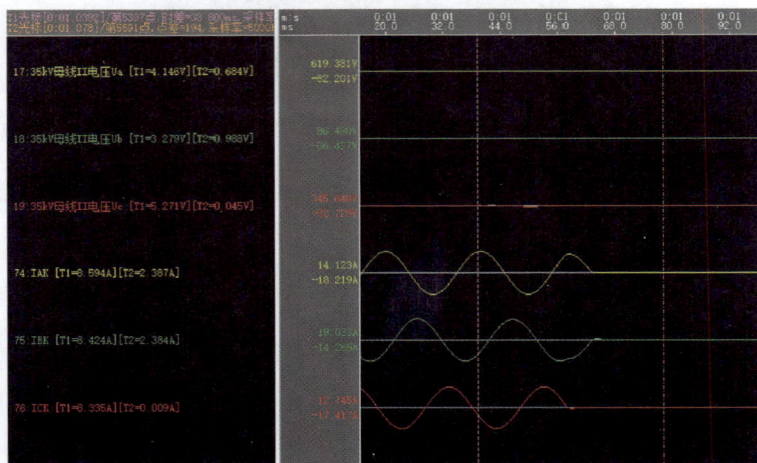

图 2-36　2 号主变压器低压侧后备保护动作将故障切除时的模拟量波形

经过以上分析，初步推断 322 断路器的爆炸过程为：

（1）值班员遥合 322 断路器对电抗器做冲击合闸试验，第一次遥合试验成功，电抗器运行正常。

（2）5min 后，值班员拉开 322 断路器准备做下一次冲击试验。

（3）当 322 断路器收到跳闸命令后，断路器三相动作后，出现 AC 相未灭弧的情况，由于持续电弧产生高温导致断路器 A、C 相相继爆炸。

（4）断路器爆炸后，322 断路器发生 AB 短路转为三相短路接地的复合故障。但由于短路点的特殊性，322 电抗器保护只采集到 C 相电流，200ms 过电流 I 段动作跳断路器。但此时断路器已经发生爆炸，322 电抗器保护动作并不能将故障隔离。

（5）主变压器低压侧后备保护作为 35kV Ⅱ 段所有母线设备的后备保护，当故障不能切除时，故障电流大于后备保护定值且时间延时达到定值，二次设备正常动作，主变压器低压侧后备保护工作将故障点隔离，整个过程结束。

2. 保护动作行为分析

322 断路器爆炸后，除自身本体受损外，引起邻近大量设备受损，受损情况及处置方案见表 2-5，受损细节如图 2-37～图 2-56 所示。

表 2-5　　　　　　　　设备受损情况及处置方案

间隔	受损情况	型号	处置方案
2-2（4 号）电抗器间隔（322 断路器）	322 断路器损毁	LW34B-40.5	更换新设备，厂家暂无现货，通过厂内调配完成新断路器备件配置；20 日前落实
	322 断路器电流互感器损毁	LZZW3-35Q（GY）	更换新设备，厂家提供新电流互感器进行更换；20 日前落实
	3222 隔离开关损毁	GW4-40.5DW	更换新设备，厂家提供新隔离开关进行更换；20 日前落实
	B 相电抗器本体烧损	BKDCKL-20000/35	返厂维修，费用由厂家负责。17 日完成受损电抗器拆卸；联系电抗器厂家至现场落实返厂维修计划
	A、C 相电抗器本体有飞溅物	BKDCKL-20000/35	开展试验，试验数据合格，计划将其中一相吊装到 2 号电抗器上，17 日内完工，尽快恢复 2 号电抗器送电
2 号站用电间隔（329 断路器）	3292 隔离开关 B 相靠站用变压器侧绝缘子破损	GW4-40.5DW	更换设备并进行试验，隔离开关导电臂及绝缘子选用龙王站 35kV 隔离开关改造剩余物资
	329 断路器 A 相绝缘子破损	LW34B-40.5	采取临时过渡方案将受损绝缘子进行更换

续表

间隔	受损情况	型号	处置方案
2-1（3号）电抗器间隔（321断路器）	C相引流线支撑绝缘子破损		更换绝缘子并进行试验，顺特电抗器提供的备件
	A、B、C相电抗器上有爆炸飞溅物	BKDCKL-20000/35	开展试验，试验结果合格；飞溅物不影响设备投运
	B相电抗器两个支撑绝缘子破损		更换绝缘子并进行试验，顺特电抗器提供的备件
	A相电抗器一个支撑绝缘子破损		更换绝缘子并进行试验，顺特电抗器提供的备件
2-1（3号）电容器间隔（324断路器）	324断路器B相上下节绝缘子各有一处破损	3AP1 FG-72.5	修补绝缘子，重新喷涂PTTV，并进行试验
	324断路器C相绝缘子轻微破损	3AP1 FG-72.5	修补绝缘子，重新喷涂PTTV，并进行试验
	324断路器电流互感器B相绝缘子破损	LVB-35W3	修补绝缘子，重新喷涂PTTV，并进行试验
	电容器串联电抗器C相一个支撑绝缘子破损		修补绝缘子，重新喷涂PTTV，并进行试验
2-3（6号）电抗器间隔（323断路器）	A、B、C相电抗器上有爆炸飞溅物	BKGKL-20000/34.5W	开展试验
1号电容器组314断路器	A相上节，314断路器电流互感器C相绝缘子破裂一块	3AP1 FG-72.5	修补绝缘子，重新喷涂PTTV，并进行试验
2-2（4号）电容器间隔（325断路器）	325断路器A相下节绝缘子破损	3AP1 FG-72.5	修补绝缘子，重新喷涂PTTV，并进行试验
	325断路器电流互感器B相绝缘子破损	LVB-35W3	修补绝缘子，重新喷涂PTTV，并进行试验
	串抗A相一个支撑绝缘子破损		修补绝缘子，重新喷涂PTTV，并进行试验
	电容器A相靠3号电容器侧支撑绝缘子破损		修补绝缘子，重新喷涂PTTV，并进行试验
	A12、B21电容器绝缘子破损	TBB35-40080/334-AQW	更换电容器
220kV Ⅱ母接地开关	2230接地开关A相绝缘子破裂一块		修补绝缘子，重新喷涂PTTV，并进行试验
220kV 224断路器间隔	22440接地开关绝缘子破裂一块		修补绝缘子，重新喷涂PTTV，并进行试验

图 2-37　322 断路器现场受损照片

图 2-38　329 断路器 A 相绝缘子破损处

图 2-39　3292 隔离开关 B 相绝缘子破损处

图 2-40　3 号电抗器 B 相支撑
绝缘子破损处（一）

图 2-41　3 号电抗器 B 相支撑
绝缘子破损处（二）

图 2−42　C 相引流线支撑绝缘子破损处　　图 2−43　3 号电抗器 A 相支撑绝缘子破损

图 2−44　A、B、C 相电抗器爆炸飞溅物

图 2−45　324 断路器绝缘子破损

图 2-46 串联电抗器支柱绝缘子破损

图 2-47 35kV 324 断路器电流
互感器 B 相绝缘子破损

图 2-48 314 断路器 A 相上节受损

图 2-49 314 断路器电流互感器
C 相绝缘子破损处

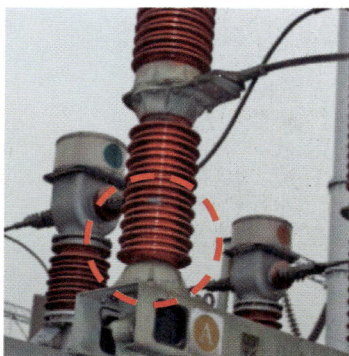

图 2-50 325 断路器 A 相下节绝缘子受损处

图 2-51 4 号电容器组 A12 故障电容

图 2-52　串抗 A 相绝缘子破损处

图 2-53　325 断路器电流互感器图
B 相受损

图 2-54　电容器 A 相靠 3 号电容器侧
支撑绝缘子破损

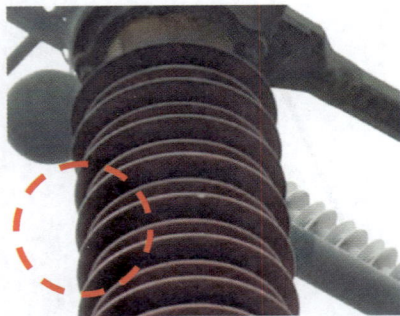

图 2-55　2230 A 相绝缘子破损
细节图（一）

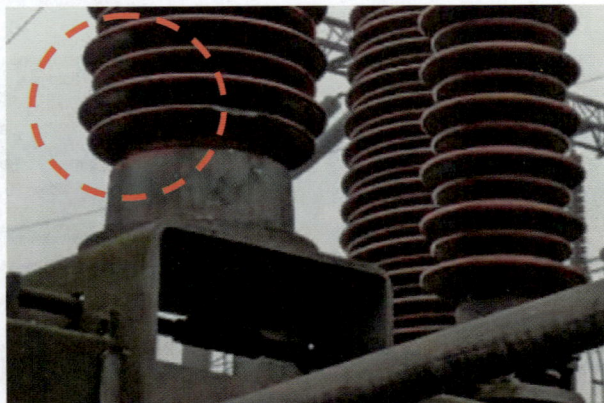

图 2-56　2230 A 相绝缘子破损细节图（二）

其中，发生爆炸的 322 断路器总体情况是：A、C 相灭弧室瓷套炸碎，A、C 相静触头均脱离并连同引流线掉落，C 相传动箱炸碎，C 相传动拉杆脱离。

322 断路器最近三次的停电试验数据如图 2-57 所示。

×检修公司成都运维分部尖山变电站 35kV 4 号电抗器 322 断路器历年试验数据													
设备名称：35kV 4 号电抗器 322 断路器	试验时间：2011.05.17			试验时间：2014.04.25			试验时间：2017.1.9			试验时间：2016.1.16			
设备型号：LW34B-40.5 额定电压（kV）：	试验性质：交接			试验性质：例行			试验性质：超期检修			试验性质：诊断			
额定电流（A）：1600 额定短路开断电流（kA）：	环境温度（℃）：30			环境温度（℃）：25			环境温度（℃）：7			环境温度（℃）：9			
出厂编号：2011.2183	相对湿度（%）：50			相对湿度（%）：66			相对湿度（%）：63			相对湿度（%）：70			
生产厂家：中华人民共和国×集团有限公司	试验负责人：许×			试验负责人：魏×			试验负责人：李××			试验负责人：蔡××			
出厂日期：2011-04 投运日期：2011-07	试验人员：丁×、杨×			试验人员：李××、蒋×、朱××			试验人员：钟××、蔡××			试验人员：蒋×、翁××			
试验项目	测试部位	A相	B相	C相	A相	B相	C相	A相	B相	C相	A相	B相	C相
分、合闸线圈的直流电阻（Ω）	合闸		112.5			110.5			113.2			114.3	
	主分		111.2			110.7			110.3			111.7	
	技术标准	检测结果应符合设备技术文件要求，没有明确要求时，以线圈电阻初值差不超过±5%作为判据			检测结果应符合设备技术文件要求，没有明确要求时，以线圈电阻初值差不超过±5%作为判据			检测结果应符合设备技术文件要求，没有明确要求时，以线圈电阻初值差不超过±5%作为判据			检测结果应符合设备技术文件要求，没有明确要求时，以线圈电阻初值差不超过±5%作为判据		
	试验仪器	Fluke 数字万用表 787（编号：76352）			Fluke 数字万用表 787（编号：76352）			Fluke 数字万用表 787（编号：76352）			Fluke 数字万用表 787（编号：76352）		
	试验结论	合格			合格			合格			合格		
	备注				芾回路								
分、合闸电磁铁的最低动作电压（V）	测试部位	A相	B相	C相	A相	B相	C相	A相	B相	C相	A相	B相	C相
	合闸		97			95			≤66			87	
	主分		86			79			≤66			78	
	技术标准	并联合闸脱扣器在合闸装置额定电源电压的85%～110%范围内，应可靠动作；并联分闸脱扣器在分闸装置额定电源电压的65%～110%（直流）或85%～110%（交流）范围内，应可靠动作；当电源电压低于额定电压的30%时，脱扣器不应脱扣			并联合闸脱扣器在合闸装置额定电源电压的85%～110%范围内，应可靠动作；并联分闸脱扣器在分闸装置额定电源电压的65%～110%（直流）或85%～110%（交流）范围内，应可靠动作；当电源电压低于额定电压的30%时，脱扣器不应脱扣			并联合闸脱扣器在合闸装置额定电源电压的85%～110%范围内，应可靠动作；并联分闸脱扣器在分闸装置额定电源电压的65%～110%（直流）或85%～110%（交流）范围内，应可靠动作；当电源电压低于额定电压的30%时，脱扣器不应脱扣			并联合闸脱扣器在合闸装置额定电源电压的85%～110%范围内，应可靠动作；并联分闸脱扣器在分闸装置额定电源电压的65%～110%（直流）或85%～110%（交流）范围内，应可靠动作；当电源电压低于额定电压的30%时，脱扣器不应脱扣		
	试验仪器	×开关特性测试仪 GKCHD（编号：420B1609544）			×开关特性测试仪 GKCHD（编号：420B1609544）			×开关特性测试仪 GKCHD（编号：420B1609544）			×开关特性测试仪 GKCHD（编号：420B1609544）		
	试验结论	合格			合格			不合格			合格		
	备注												

图 2-57　322 断路器最近三次的停电试验数据（一）

试验项目	测试部位	A相	B相	C相	A相	B相	C相	A相	B相	C相	A相	B相	C相
主回路电阻（μΩ）厂家标准≤40μΩ	回路电阻	18.2	20.7	19.9	15.7	14.5	17.2	15.7	16.2	18.3	16.7	16.9	19.3
	技术标准	测试值≤制造商规定值（注意值）			测试值≤制造商规定值（注意值）			测试值≤制造商规定值（注意值）			测试值≤制造商规定值（注意值）		
	试验仪器	×回路电阻测试仪 HS-6100（编号：0810027）			×回路电阻测试仪 HS-6100（编号：0810027）			×回路电阻测试仪 HS-6100（编号：0810027）			×回路电阻测试仪 HS-6100（编号：0810027）		
	试验结论	合格			合格			合格			合格		
	备注												
试验项目	测试部位	A相	B相	C相	A相	B相	C相	A相	B相	C相	A相	B相	C相
机械特性试验	合闸时间（ms）厂	56.1	55.1	56.6	57.5	56.8	57.6	58.3	52.8	58.4	55.7	54.7	57.5
	主分时间（ms）厂	32.2	31.3	31.5	32.5	33.8	32.1	31.3	35.8	34.1	32.8	34.3	32.3
	合闸不同期（ms）≤	1.5			0.8			5.6			2.8		
	主分不同期（ms）≤	0.9			1.7			4.5			2.0		
	合闸速度（m/s）												
	主分速度（m/s）												
	技术标准	1. 合、分闸时间，合、分闸不同期，合-分时间满足技术文件要求且没有明显变化。 2. 除有特别要求的之外，相间合闸不同期不大于 5ms，相间分闸不同期不大于 3ms，同相各断口合闸不同期不大于 3ms，同相分闸不同期不大于 2ms			1. 合、分闸时间，合、分闸不同期，合-分时间满足技术文件要求且没有明显变化。 2. 除有特别要求的之外，相间合闸不同期不大于 5ms，相间分闸不同期不大于 3ms，同相各断口合闸不同期不大于 3ms，同相分闸不同期不大于 2ms			1. 合、分闸时间，合、分闸不同期，合-分时间满足技术文件要求且没有明显变化。 2. 除有特别要求的之外，相间合闸不同期不大于 5ms，相间分闸不同期不大于 3ms，同相各断口合闸不同期不大于 3ms，同相分闸不同期不大于 2ms			1. 合、分闸时间，合、分闸不同期，合-分时间满足技术文件要求且没有明显变化。 2. 除有特别要求的之外，相间合闸不同期不大于 5ms，相间分闸不同期不大于 3ms，同相各断口合闸不同期不大于 3ms，同相分闸不同期不大于 2ms		
	试验仪器	×开关特性测试仪 GKCHD（编号：420B1609544）			×开关特性测试仪 GKCHD（编号：420B1609544）			×开关特性测试仪 GKCHD（编号：420B1609544）			×开关特性测试仪 GKCHD（编号：420B1609544）		
	试验结论	合格			合格			不合格			合格		
	备注	出厂数据，厂家回复只保存三年，所以对 2011 设备的数据找不到了；验收时无传感器和夹具，未做速度						厂家调整前			厂家调整后		

图 2-57　322 断路器最近三次的停电试验数据（二）

在 2014 年 4 月 25 日的例行试验中，尽管试验结果满足标准要求，但是 322 断路器的相间分、合闸不同期主要体现在 B 相对 A、C 两相的偏差，即 B 相的合闸时间最短，分闸时间最长。

在 2017 年 1 月 9 日的例行试验中，322 断路器的相间分、合闸不同期明显超标，主要体现在 B 相对 A、C 两相的偏差，且 A、C 两相与 2014 年 4 月 25 日的例行试验值相比变化小，主要是 B 相比 2014 年 4 月 25 日的例行试验值变化大，合闸时间减小 4ms，分闸时间增加 2ms。

调试人员将主垂直拉杆螺母并紧后，测试发现三相相间不同期仍然超标，尽管 B 相合闸时间增加，分闸时间减小，但是其余两相的合闸时间也随同增加，分闸时间也随同减小。因此，调试人员尝试调整相间连杆长度，这样可以调整拐臂的初始位置，进而改变分闸或合闸的起始位置，减小 A、C 两相的开距以缩小合闸时间，增大 A、C 两相的超程以增加分闸时间。

在 2017 年 1 月 15 日的例行试验中，分合闸相间不同期满足标准要求，但是均处于标准规定的上限值附近。

3. 设备解体检查

2017 年 1 月 17 日，发生故障的 322 断路器本体及操动机构被运到厂家检修基地开展解体检查。

（1）A 相灭弧室。A 相静触头烧损严重，静侧屏蔽罩有残余，瓣形静主触头已全部散落，如图 2-58 所示。静弧触头烧蚀严重，测量最高点尺寸为 128mm，设计标准值为 162mm，说明至少烧蚀掉 34mm。

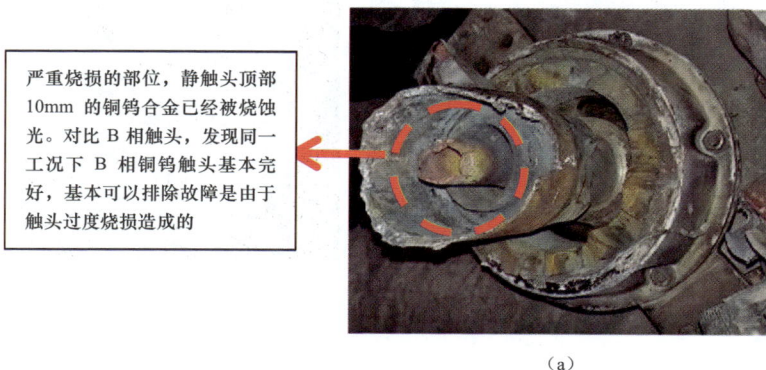

> 严重烧损的部位，静触头顶部 10mm 的铜钨合金已经被烧蚀光。对比 B 相触头，发现同一工况下 B 相铜钨触头基本完好，基本可以排除故障是由于触头过度烧损造成的

（a）

图 2-58　A 相灭弧室解体情况（一）

（a）静触头

(b)   (c)

图 2-58 　A 相灭弧室解体情况（二）

(b) 动触头侧视图；(c) 动触头俯视图

A 相动弧触头的喷口正常，日常载流的动主触头被烧损一大块，测量动弧触头距离喷口顶部的高度为 50mm，属于正常。

（2）C 相灭弧室。C 相静触头烧损严重，静侧屏蔽罩及瓣形静主触头已无法找到。静弧触头由于掉落地面发生碰撞变形，已无法测量，但从现状看，静弧触头烧损严重，最上端烧结 10mm 高的铜钨合金已不存在，如图 2-59 所示。

(a)   (b)

图 2-59 　C 相灭弧室解体情况

(a) 静触头；(b) 动触头

C 相动弧触头的喷口已被烧没，日常载流的动主触头被烧损一大块。鉴于无法测量动弧触头距离喷口顶部的高度，改为测量动弧触头自根部螺纹以上部分的高度为 64.3mm，标准值为 64.5mm，属正常范围。

（3）B 相灭弧室。静主触头的瓣形触指、静侧屏蔽罩、静弧触头完好，测量静弧触头的高度为 162mm，属于正常。动弧触头喷口完整，测量动弧触头距离喷口顶部的高度为 50mm，属于正常，动触头整体正常。通过测量压气缸上部动主触头的划痕长度以测量超程，为 21.8mm，设计图纸要求为 22mm，考虑误差因素，这说明 B 相合闸超程尺寸是合格的，如图 2－60 所示。

(a)   (b)

图 2－60 B 相灭弧室解体情况

（a）静触头；（b）动触头

（4）三相实际分闸位置。通过拆除灭弧室瓷套下法兰，测量压气缸距离下接线板底部距离（见图 2－61）：

A 相测得尺寸为 38.2mm，随后连接机构和四连杆，再次操作，尺寸为 40.4mm，标准值为 13.5mm，说明分闸未到位。

C 相测得尺寸为 115mm，说明完全没有分闸，下支座（下接线板）通气孔烧蚀严重；内部表带触指已烧没。

B 相测得尺寸为 17.2mm，随后连接机构和四连杆，再次操作，尺寸为 17.9mm，标准值为 13.5mm，说明分闸未完全到位，但是接近标准值下限。

（5）传动部分。A 相、B 相绝缘拉杆的轴销孔和内拐臂轴销孔无异常；内外拐臂与传动轴无异常。C 相烧损最为严重，绝缘拉杆断裂，传动箱炸裂，四连杆与传动轴脱离，如图 2－62 所示。

（a）　　　　　　　　　　（b）

图 2−61　A、C 两相分闸不到位情况

（a）A 相；（b）C 相

图 2−62　C 相绝缘拉杆断裂和传动箱炸裂情况

由于 C 相四连杆脱离及传动箱炸裂，所以现场测试 A、B 两相外拐臂在故障后分闸位置的角度是否存在差异，发现 A 相拐臂比 B 相拐臂向顺时针方向偏移了 16°左右，即 A 相连杆连同动触头的实际分闸位置比标准值向静触头方向靠近了 24mm 左右，这与 A 相压气缸距离下接线板底部距离测量值相符，如图 2−63 所示。

（6）操动机构。机构箱有电弧烧蚀现象。现场重新连接 A、B 相间四连杆，通过游标卡尺测量操动机构输出主垂直拉杆的位置尺寸，如图 2−64 所示。经测量，机构合闸位置尺寸为 59.7mm，分闸位置尺寸为 154.7mm，计算动触头实际运动总行程为（154.9−59.7）×113/117.7＝91.3mm，设计值为 95mm±3mm，说明实际测量值比下限略低。操动机构手动分、合闸两次，机构动作和传动正常。

图 2−63　三相传动转轴初始位置

4. 缺陷分析

结合故障录波、现场解体及 322 断路器最近三次停电试验结果，对该起故障的分析如下。

由 2014 年 4 月 25 日的例行试验结果可得，当时 322 断路器主垂直拉杆并紧螺母未松动，四连杆状态正常，如图 2−65 所示。

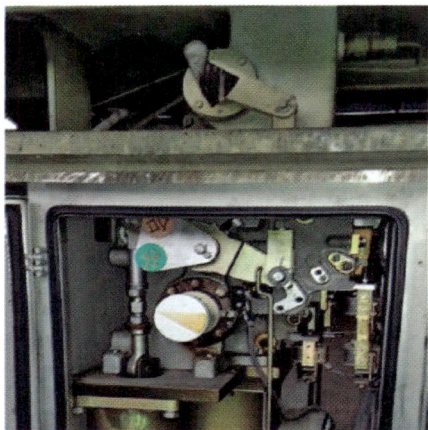

图 2−64　机构箱实际情况

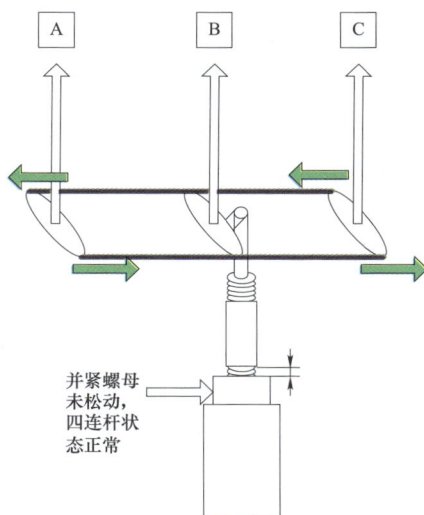

图 2−65　主垂直拉杆并紧螺母
未松动前 322 断路器状态

由 2017 年 1 月 9 日的例行试验结果可得，322 断路器分合后，主垂直拉杆并紧螺母松动导致 B 相主连杆变长，如图 2－66 所示。因为 B 相是直接传动相，其受力最为直接，合闸时间、分闸时间与断口间距离的关系为近似线性关系，即主连杆变长，开距减小，合闸时间缩短，分闸时间变大。

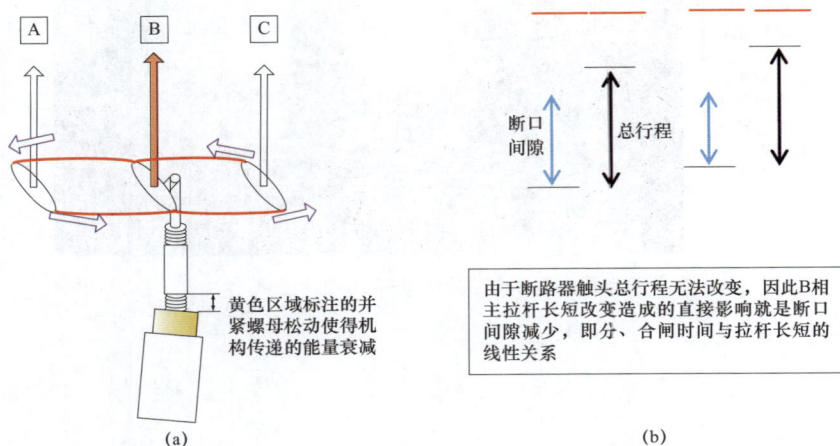

图 2－66　并紧螺母松动后 322 断路器状态

(a) 四连杆状态变化；(b) 断口间隙变化

　　B 相伸长，理论上 A 相主拉杆长度也会伸长；但由于 B 相力的传递受限于四连杆的力传递的衰减，一部分力用来产生 A、B 相相间连杆形变，导致分合闸速度降低，也就造成 A、C 相断口间隙减小的同时，试验数据并没有明显的变化。鉴于 B 相试验数据发生较大变化，而 A、C 相数据基本没有发生明显改变可推断，A、C 相断路器此时的动作速度已严重偏慢。

　　针对于 C 相，同样存在运动速度受四连杆受力变化的影响，使得速度的变化未呈线性关系。同 A 相比较，可认为 C 相分闸时的逐度受四连杆形变的影响更大。

　　图 2－66 中红色标注部分是四连杆发生形变后的情况。从图 2－66 可得，上述形变是 2014 年 4 月 25 日与 2017 年 1 月 9 日试验数据发生较大改变的主要原因。

　　检修人员略微调节四连杆时发现数据基本没发生变化，主要原因是此时连杆处于形变状态，无论是再伸长还是缩短连杆，轻微的调整都无法彻底抵消这部分应力，如图 2－67 所示。

　　经与现场检修人员确认，厂家技术服务人员赴现场调整断路器时，首先仍是对四连杆进行调整，由于此时主垂直拉杆的并紧螺母仍处于松动状态，反复调试四连杆并未有效影响试验数据，如图 2−68 所示。接下来技术服务人员发现了主垂直拉杆并紧螺母松动，将其紧固后再对 B 相主拉杆长度进行微调，即朝减小开距方向，后期解体试验数据说明 B 相的开距比厂家提供标准数据的最小值还略小。通过锁紧 B 相主垂直拉杆并紧螺母再微调使得三相动、静触头之间的间隙均被调小，其中 A 相四连杆恢复至基本不受力状态，而 C 相四连杆由于前期调整幅度较大，B 相主拉杆螺母锁紧时并未将其拉回至相间连杆不受力位置，此时仍处于受力状态。相间连杆在 B 相基准点被固定后，技术服务人员对 A、C 相的四连杆开始了第二次调整。此时调整四连杆会出现两种情况使得断路器机械特性试验数据合格：① 减小开距；② 降低分合闸速度。由于技术服务人员进行四连杆调节时并未将四连杆脱开使其处于不受力状态，所以此时 C 相连杆受力并未复归，复归后的 A 相由于前期调整过大导致开距减小严重。技术服务人员通过反向调节四连杆降低 A、C 相分合闸速度和触头开距实现了三相的同期。但是，这样造成的结果是：A、C 相分合闸速度明显降低，C 相拐臂及连接灭弧室的拉杆受力过大，这也是后期 C 相绝缘拉杆在断路器爆炸后断裂的原因。上述推测从 1 月 15 日调试过程中的试验数据可以得到印证，过程试验数据如图 2−69 所示。

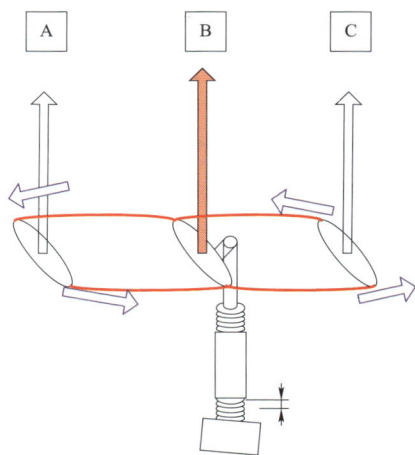

图 2−67　检修人员调整后
322 断路器状态

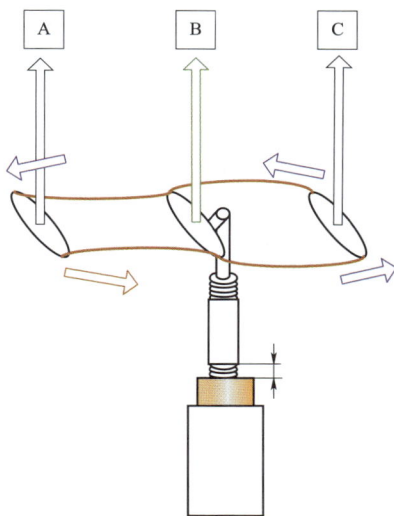

图 2−68　调试人员调整后
322 断路器状态

标准：合闸时间 30～65ms；分闸时间 25～45ms；相间合闸不同期：≤3ms；相间分闸不同期：≤2ms。

1 月 9 日 322 断路器

	A 相（ms）	B 相（ms）	C 相（ms）	不同期（ms）
合闸	58.3	52.8	58.4	5.6（不合格）
分闸	31.3	35.6	33.9	4.3（不合格）

1 月 15 日 322 断路器

厂家调试前且螺母紧固前：

	A 相（ms）	B 相（ms）	C 相（ms）	不同期（ms）
合闸	58.2	53	59.1	6.1（不合格）
分闸	30.3	35.6	33.6	5.3（不合格）

厂家调试后且螺母紧固前：

	A 相（ms）	B 相（ms）	C 相（ms）	不同期（ms）
合闸	56.7	54.9	57.9	3（合格）
分闸	33.2	34.0	34.8	1.6（合格）

厂家调试且螺母紧固后：

	A 相（ms）	B 相（ms）	C 相（ms）	不同期（ms）
合闸	55.8	54	57.8	3.8（不合格）
分闸	31.4	32.6	33.3	1.9（合格）

经厂家再次调整：

	A 相（ms）	B 相（ms）	C 相（ms）	不同期（ms）
合闸	55.3	54.4	57	2.6（合格）
分闸	31.9	32.5	30.5	2（合格）

为保证数据有效性，再次试验：

	A 相（ms）	B 相（ms）	C 相（ms）	不同期（ms）
合闸	55.7	54.7	57.5	2.8（合格）
分闸	32.8	34.3	32.3	2（合格）

图 2-69　322 断路器 1 月 15 日过程调试数据

上述试验数据表明：厂家第一次对四连杆进行调整，试验数据并未发生明显改变，满足四连杆此时处于受力状态推断，单独调整四连杆是通过影响断路器的分合闸速度来改变时间特性。厂家第二次调整四连杆，进一步降低分合闸速度，以此满足断路器同期性要求，但由于此时未将主拉杆并紧螺母紧固，因此当厂家技术服务人员将并紧螺母紧固后第三次进行试验时，A、B相相间连杆受力均匀，传动杆的力直接对A相进行输出的同时断口间隙减少，使得A相分合闸时间再次降低。而B、C相相间连杆的受力并未恢复，仍处于受力状态，因此试验数据变动不大；再次调整连杆使其受力变形进一步加大，同时降低分、合闸速度最终使得试验数据合格。

5. 结论与建议

综上，500kV尖×站322断路器分闸时发生爆炸故障的根本原因在于：断路器三相拐臂、连杆等传动部分在调整时变动过大导致动触头初始位置上移，灭弧室开距明显缩小；同时，相间连杆形变使力的传递损失较大，导致分、合闸速度降低。上述两个因素的叠加效应直接反映在主垂直拉杆的并紧螺母松动后，现场调试反而使断路器三相整体机械状况变差，最终导致322断路器在第一次合闸冲击试验的分闸中发生A、C相相继爆炸致使三相短路的故障。

2017年2月5日，省检修公司对500kV尖×站2号主变压器完成绕组变形测试、变压器整体介质损耗测试及油色谱取样，试验数据显示，500kV尖×变电站322断路器爆炸所产生的短路电流冲击未对2号主变压器产生严重影响。

近年来，四川省500kV超高压主干网发生了多起由LW34-40.5型断路器爆炸引起的35kV母线停运故障。故障均集中于断路器，2次发生于断路器分闸操作时刻，1次发生于断路器合闸操作时刻，1次发生于断路器运行无任何操作时。这4起故障的起因集中于以下两点：① 断路器弹簧操动机构、传动部分的零部件损坏导致机构与本体间传动失效；② 断路器三相拐臂、拉杆等传动部分在调整时变动过大导致动触头初始位置上移，灭弧室开距明显缩小，同时相间连杆形变使力的传递损失较大，导致分合闸速度降低。

500kV变电站35kV/66kV无功补偿装置的容量普遍较大，任意一条支路并联电抗器或电容器组的容量可高达60000kvar。断路器投切无功补偿装置时关合或开断的电流超过1000A。根据对四川电网2015年5月至2016年4月期间19个地市公司共5902台投切无功补偿装置断路器的运行情况统计，年投切次数的平均值为134.54次，最大值为1845次，位于500kV平×变电站的35kV 1-1号并联电抗器间隔。上述情况均说明500kV变电站投切无功补偿装置断路器的运行工况普遍比较严酷。但是，对比尖×变电站此次发生爆炸的322断路器，在运行的44个月期间，总共投切了515次，其中还包括了交接试验和3次例行试验的操作次数。这说明322断路器日常投切次数并不频繁。

鉴于322断路器爆炸前的例行试验数据显示均符合标准，说明按照现有状态检修试验规程规定的试验检修项目，不足以保证对投切无功补偿装置断路器各项机械性能进行了完整的检查。因此，为了提升通过停电试验检修主动发现断路器缺陷的水平，下一步建议开展 500kV 变电站投切无功补偿装置断路器的隐患排查和测试能力提升工作。

（1）调研和统计当前省检修公司系统内各型号无功补偿用断路器分合闸行程-时间曲线测试方法，根据统计结果集中购置或研制断路器行程-时间曲线测试所需夹件和传感器。

（2）常态化开展投切无功补偿装置断路器分合闸行程-时间曲线测试工作，将其纳入例行试验项目。增加该项测试，有助于对获取的断路器开距、超程、分合闸速度、分合闸时间、同期、分闸反弹等数据和波形开展综合诊断分析。

（3）根据 500kV 变电站无功补偿用断路器隐患排查和停电试验结果，针对波形和数据异常的断路器开展动静触头动态接触电阻测试，该诊断性试验结果有助于判断动静触头烧损情况。

（4）例行试验检修中，应借助游标卡尺或角度尺，通过测量相对位置和相对位移，加强对断路器三相主拐臂的分、合闸初始角度和分、合闸过程中的转动角度是否符合标准且是否一致的诊断。

LW35-252/T 型高压瓷柱式断路器防拒动故障

一、案例简介

省公司发生了因 LW35-252/T 型高压瓷柱式断路器单相分闸失败的不安全事件。为防止拒动事件再次发生，确保电网安全稳定运行，在省公司的安排下开展了 LW35-252/T 型高压瓷柱式断路器防拒动专项隐患排查治理工作。

主要包括 220kV 铜×变电站、500kV 南×变电站及 220kV 银×变电站的 LW35-252/T 型高压瓷柱式断路器的停电检修试验、更换断路器机构箱内关键零件及事故断路器解体分析工作。

二、案例分析

1. 缺陷原因

2017 年 6 月 9 日，省内变电站发生一起 LW35-252/T 型断路器拒分故障。现场检查发现：首先，在故障前断路器运行正常，故障后对该断路器 C 相进行检查时，发现分闸线圈已经严重烧毁，且机构箱内有烧焦的刺鼻气，故可以判断分闸线圈是分闸不成功后烧毁；其次，由于本台断路器故障前、故障后更换线圈后分闸都正常，同时由于 220kV 断路器是双分闸线圈，且在交接试验和首检过程中线圈阻值及低跳试验均符合要求，因此可以确定是机械传动回路的故障导致了断路器拒分。

检查发现 C 相断路器分闸撞杆与分闸锁闩间隙为 2.77mm（见图 2-70），大于厂家标准（0.9mm±0.1mm），说明断路器在接到跳闸命令后，分闸撞杆向上动作撞击分闸锁闩并带动分闸锁闩向上位移，但由于该相断路器间隙的增大，分闸锁闩的位移量不足以使分闸掣子脱扣，造成断路器拒分。进而导致辅助开关也相应的没有变位，分闸线圈持续带电烧毁。检查分析表明，该相断路器拒动是由机构卡涩引起的，而卡涩说明该型号断路器在配件材质选择、配件检测、装配环节等方面存在瑕疵。

主、副分闸撞杆与分闸锁闩间隙 2.77mm

图 2-70 断路器分闸撞杆与分闸锁闩间隙

2017 年 6 月 21 日及 7 月 13 日，电科院技术人员赴 500kV 南×变电站及 220kV 银×变电站对共 6 台 LW35-252/T 型断路器开展了防拒动隐患排查治理工作。在所有维修工作前，对断路器开展了机械特性测试，机构本体检查及间隙尺寸测量工作，如图 2-71 和图 2-72 所示。

为提高断路器运行可靠性，通过和厂家讨论对断路器机构内的脱扣销轴（见图 2-73）和轴承（见图 2-74）进行了更换，并将更换后的零件进行相关的测量检测工作。

图 2-71　断路器测速

图 2-72　间隙尺寸测量

图 2-73　脱扣轴销

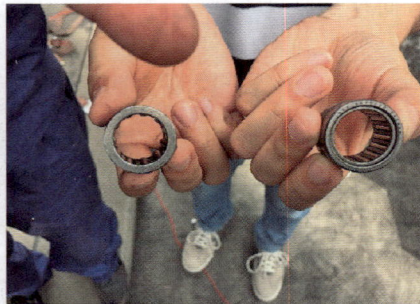

图 2-74　轴承

2. 缺陷分析

为进一步分析断路器拒分的原因，2017 年 8 月 8 日对故障机构进行了返厂解体分析。断路器分闸脱扣系统的原理如图 2-75 所示。

故障发生后，将该断路器 C 相机构内机械传动回路的分闸锁闩、分闸掣子、分闸止位销等部件进行了更换，原先的部件将进行材料分析、硬度检测及尺寸测量等技术鉴定工作，未发现异常，检测报告如图 2-76 所示。

机构解体后，检查机构装配工艺，测量了关键间隙的尺寸，均在合格范围，如图 2-77 所示；各个尺寸检查完毕后手动对机构进行了合闸，但是手动分闸无法分开，分闸锁闩已到位，分闸掣子未脱扣，机构卡死，与变电站的拒分情况相似。机构卡死原因为固定螺栓的厌氧胶溢流至分闸转轴轴承，厌氧胶干后导致轴承卡涩，导致分闸掣子无法脱扣，如图 2-78 所示。

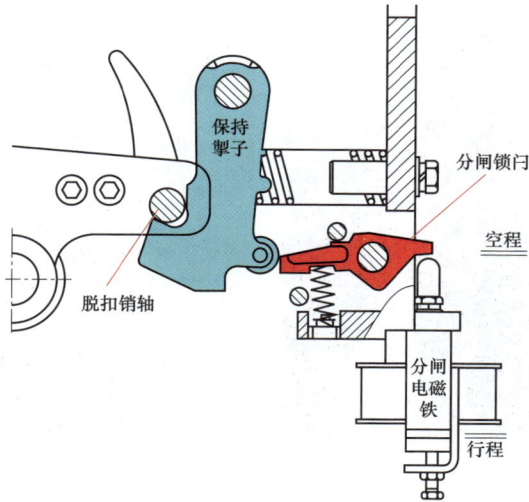

图 2-75　分闸脱扣系统原理图

图 2-76　故障断路器机构零部件检测报告

图2-77　间隙尺寸检查　　　图2-78　分闸转轴轴承

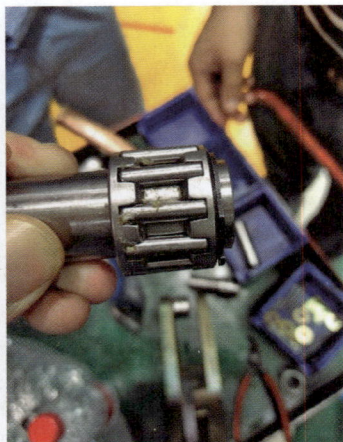

为了验证分闸转轴轴承卡涩导致机构拒分原因的推断，继续开展了转轴卡滞试验。现场将分闸空程调至0mm，分闸行程调至1.7mm，采用后台分闸，机构成功分闸。将分闸行程调整至1.6mm，机构同样成功分闸。由此可得该机构分闸锁闩行程为1.7mm时机构应该动作，由此判断变电站故障机构拒动与分闸线圈、分闸锁闩无关。剩余可能造成卡涩部件的只有保持掣子转轴（见图2-79）与脱扣销轴（见图2-80）。

图2-79　保持掣子转轴　　　图2-80　脱扣销轴

根据试验及分析结果可以基本确定现场机构故障原因为保持掣子轴承采用的是带外圈的滚针轴承，脱扣销轴轴承采用的是不带外圈的滚针轴承，不带外圈的

滚针轴承在安装或运行过程中易进入异物（如厌氧胶胶碎屑等），机构长时间不动作时，异物宜在滚针与转轴之间堆积，造成滚针卡涩，导致分闸过程中分闸掣子不能正常脱扣。

3. 结论与建议

LW35－252/T4000－50 型断路器操动机构选用了不带外圈的滚针轴承，存在机构卡涩隐患；分闸线圈在结构上存在并联关系，若主分闸线圈存在卡涩或故障，将影响副分闸线圈动作，降低了可靠性。反映出厂家在设计、选材、装配等环节存在问题。

2017 年 6 月起厂家对在运 14 台 LW35－252 型断路器进行排查过程，并更换脱扣销轴轴承，将其跟换为带外圈的滚针轴承，消除了该隐患。要求厂家停止使用不带外圈的轴承，同时利用中期检修机会对该类轴承进行跟换，以免发生类似问题。

此外，需加强主要设备厂内监造检测力度，及时发现选材、装配、厂内试验等环节存在的问题，必要时对重要设备关键部件进行抽检，防止类似故障的发生。

GW16A－252 隔离开关过热故障

一、案例简介

2015 年 3 月 4 日，某局对某站 220kV 设备进行红外测温，发现 2512 隔离开关 C 相动、静触头结合部位热点温度为 150℃，其余两相温度正常。检修人员到达现场后对设备进行了检查，发现动静触头结合部位有烧损痕迹。

二、案例分析

1. 缺陷分析

该隔离开关于 2003 年 3 月 1 日出厂，9 月 26 日投运，型号为 GW16－252，上下导电臂之间通过一个滑动触指盘导电，该滑动触指盘通过一个塑料外壳固定，随着隔离开关长时间运行，这个塑料外壳会脆化，导致滑动触指盘密封不良，外界水分和污物都会进到该触指盘内，导致该滑动触指盘转动不灵活，出现卡涩，引起合闸状态下隔离开关动、静触头接触不良并导致发热，见图 3－1。

滚轮检查卡涩，塑料外壳破损

图 3－1　动触头烧损部位

2. 结论与建议

通过开展红外精确测温，加强对隔离开关动静触头、引线接头等部位可能出现的电流致热型缺陷的分析与诊断。

GW4-220W 隔离开关过热故障

一、案例简介

2015 年 8 月 3 日，某供电公司某站运行方式调整后运维人员对该站进行红外测温，现场测得 2012 隔离开关 A 相 114℃，B 相 33.6℃，C 相 33.4℃，负荷电流 411A。电网运行方式调整前，2012 隔离开关 A 相电流为 360A，测得 A 相 58℃。

二、案例分析

1. 缺陷分析

该 2012 隔离开关于 2005 年 4 月出厂，2005 年 8 月投运，型号为 GW4-220W，额定电流为 1600A，检修人员现场检查隔离开关合闸到位，未发现明显异常。对该隔离开关进行停电消缺，对 2012 隔离开关进行回路电阻测试，A 相电阻为 560μΩ，B、C 相均在 150μΩ 左右，检修人员对拆下的三相隔离开关进行整体检查，通过对比检查，发现 A 相触指弹簧的夹紧力明显小于 B、C 两相，判断由于触头弹簧夹紧力不足导致该相触头过热，见图 3-2 和图 3-3。

图 3-2　2012 隔离开关测温图谱

图 3-3　2012 刀闸 A 相刀口照片

2. 结论与建议

通过开展红外精确测温，加强对隔离开关动静触头、引线接头等部位可能出现的电流致热型缺陷的分析与诊断。

220kV 变电站误碰开关柜中带电的
母线避雷器人身伤亡事故

一、案例简介

2010 年 8 月 19 日，某变电工程公司在 220kV 挡×变电站改造工程消缺中，更换 10kV Ⅰ 段母线电压互感器时发生人身触电伤亡事故，造成 2 人死亡 1 人重伤。

二、案例分析

1. 缺陷分析

经现场调查分析，事故主要原因为制造厂未按订货技术协议的要求供货，提供的 10kV 手车式母线电压互感器柜（型号为 KYN28－12，2010 年 5 月生产，2010 年 6 月 7 日投运）电压互感器和避雷器与设计图纸不符，未按国家电网公司典型设计（见图 3－4）以及设计图纸的要求将 10kV 母线避雷器接在间隔小车之后，而是直接连接在 10kV 母线上（见图 3－5），导致拉开 10kV 母线电压互感器间隔小车后，10kV 避雷器仍然带电，施工人员在拆除原电压互感器过程中，触碰到带电的避雷器上部接线桩头，造成人员触电伤亡，如图 3－6 所示。

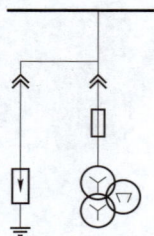

图 3-4　国家电网典型设计图　　图 3-5　厂家实际接线图

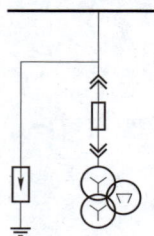

2. 结论与建议

在开关柜出厂验收时，应着重检查母线电压互感器与避雷器是否有隔离开关

（或隔离断口），对不满足要求的产品要求厂家整改完成后才准许出厂用于现场使用。

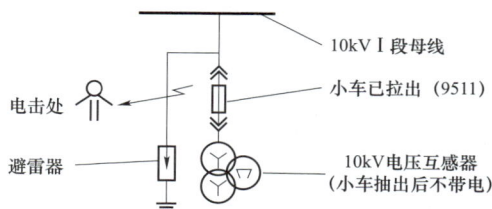

图 3-6　现场示意图

220kV 变电站开关柜内部故障造成柜外人员人身伤亡事故

一、案例简介

2009 年 9 月 30 日，220kV 汾×变电站发生一起因 10kV 高压开关柜内部三相短路，电弧生产高温高压气浪冲开柜门，造成 2 名正在柜外现场检查的运维人员 1 死 1 伤的人身事故。

二、案例分析

1. 缺陷分析

经现场调查分析，事故的直接原因是该开关柜内断路器动作频繁，操动机构底部固定螺栓松动，螺栓、弹簧垫片及平垫片发生脱落，掉落在下方 B 相电流互感器铝牌接头周边时，引起相间短路。由于该开关柜（型号为 XGN2-12，2006 年 3 月出厂，2007 年 6 月 29 日投运）出厂时未设计制造压力释放通道，不符合相关要求，当开关柜内部发生三相短路时高温高压气浪将前柜门冲开，造成人身伤亡事故。

事故暴露出该厂家未按国家标准（GB 3906—2006《3.6kV～40.5kV 交流金属封闭开关设备和控制设备》）、行业标准（DL/T 404—2007《3.6kV～40.5kV 交流金属封闭开关设备和控制设备》）要求进行产品设计，虽然在产品安装使用说明书中设置有压力释放通道，但实际产品却没有设置压力释放通道，不满足金属封闭式开关柜内部电弧冲出情况下对人员防护的要求，存在重大安全隐患，反映出厂家生产管理混乱，同时也反映出工程建设过程中建管单位质量把关不严，对开关柜内母线绝缘防护反事故措施落实不力。

2. 结论与建议

在开关柜出厂验收时，应着重检查压力释放通道是否满足要求，对不满足要求的产品要求厂家整改完成后才准许出厂用于现场按照使用，同时在竣工验收时对压力释放通道盖板的尼龙螺栓是否设置正确进行检查，确保在开关柜在运行过程中发生内部故障时能正确释放内部压力。

110kV 变电站 10kV 963 开关柜手车进车困难故障

一、案例简介

110kV 某变电站开关柜中 Evolis 真空断路器配套的活门导轨框架为某电器有限公司提供，某厂进行装配，10kV 963 手车断路器自 2009 年 2 月投运的时候开始，手车断路器从试验位置向工作位置操作的过程中，活门无法正常开启，手车进车困难，前横杠、操作面板等部件变形严重，如图 3-7 所示。

图 3-7 手车断路器位置偏移

二、案例分析

1. 缺陷分析

制造厂配合进行底盘车更换，但更换完毕后发现手车右侧离正常试验位置存在一定的距离，右侧整体向左偏移，如图 3-8 所示。

此外，卡涩、门帘无法挑起等问题未能得到解决。对两条导轨的前后进行水平测量，发现两条导轨均前高后低，进一步进行测量，发现导轨的前面部分比后面部分高 6mm。挑帘机构仅仅设置在手车右侧，进出车过程中单边受到一个向左的力，手车框架装配时前高后低，新的手车开关在第一次成功进车后，再次进行

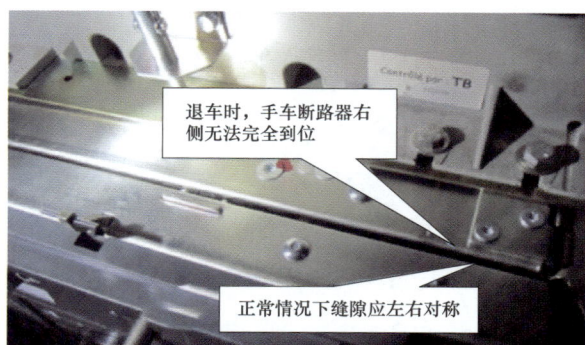

图 3-8　缺陷示意图

退车操作时，手车重心向后偏移。当挑帘机构与开关柜活门机构碰击时，手车向左的力与偏移的重心共同作用下，导致手车断路器右侧向左偏移而无法回到正确的试验位置，进而使手车第二次进车时无法正确开启开关柜活门，造成手车进车困难。此时运维人员为使手车到位，使用更大的力进行操作，此时手车底盘传动杆收到更大力的作用，歪斜、变形情况进一步加重，如图 3-9 所示。

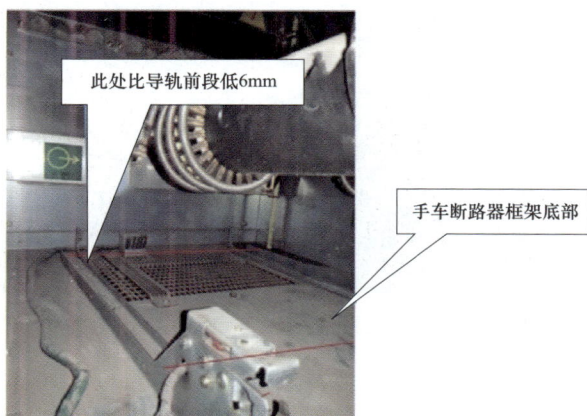

图 3-9　手车断路器缺陷

2. 结论与建议

在开关柜调试过程中，应重点注意手车进出车是否困难并及时进行调整；在设备操作过程中，如遇操作困难切记不可使用蛮力进行操作以避免设备零部件在外力作用下损伤，必要时请检修人员进行处理。

110kV 变电站 35kV 开关柜缺陷分析

一、案例简介

110kV 变电站 35kV 开关柜型号为 KYN61−40.5，额定电流为 600A（支路）/1000A（总路），于 2012 年 11 月出厂，2013 年 6 月投运。

二、案例分析

1. 缺陷分析

352 牛石线开关柜 B、C 相的下部隔离插头对中性较差，并且绝缘件存在材质缺陷，在长期运行电压下发生局部放电，如图 3−10 和图 3−11 所示。检查发现真空泡极柱环氧绝缘表面和触头盒内均存在放电痕迹。

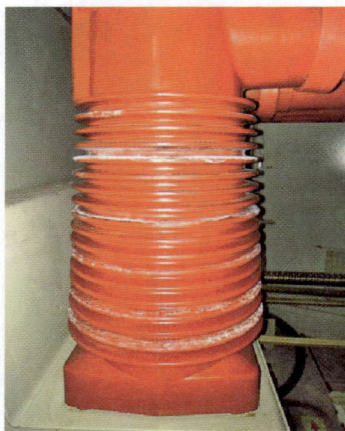

图 3−10　真空泡极柱环氧绝缘表面情况　　图 3−11　触头盒内部情况

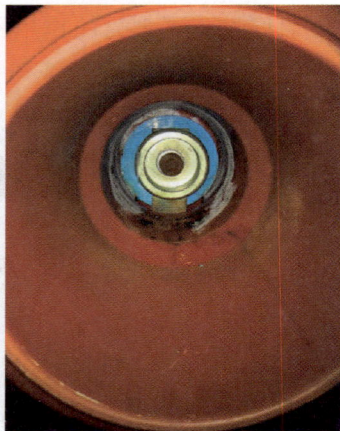

高压隔室二次线缆布置不合理且固定不可靠，如图 3−12 和图 3−13 所示。带电显示装置的二次线缆用自黏块固定在开关柜内壁，高压部位上方，长时间运行后由于黏胶黏性降低导致二次线缆发生脱落，距离高压部位仅 19cm，远低于 24cm 的最低要求。

图 3-12 二次线缆固定不可靠

图 3-13 二次线缆发生脱落

　　母线电压互感器柜内带电显示装置与母线避雷器的相对位置设计不合理，如图 3-14 所示。避雷器紧挨带电显示装置，相对距离约 3cm，同时带电显示装置顶部距离避雷器顶部 25cm，处于避雷器外绝缘的中部，两者的电气距离不满足要求。

　　由于绝缘件材质及布置因素导致 352 断路器交流耐压试验（断口间、相对地和相间均应满足 76kV，1min 的耐压要求）无法通过，如图 3-15 和图 3-16 所示。

图 3-14 带电显示装置与避雷器
相对位置不合理

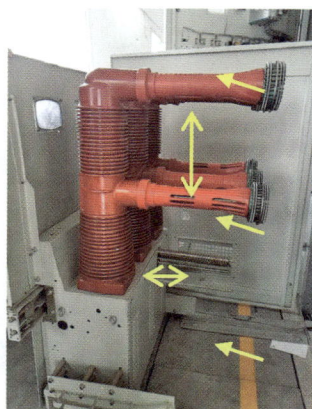

图 3-15 交流耐压试验时发生
电晕放电及击穿处

　　对断路器开展 A 相合闸对地耐压试验，B、C 相接地，当施加电压至 70kV 时，A、B 相间发生空气击穿，击穿位置处于图 3-15 箭头处。该型开关柜为第一代 KYN61 型手车柜，断路器极柱间及隔离插头触臂间的中心距均为 30cm，现在生产的手车柜其中心距一般扩大到 33cm 及以上。除去绝缘包裹的厚度，极柱间实际空气净距仅 16cm，这对绝缘件本身绝缘强度提出了很高的要求。

图 3−16 交流耐压试验时发生击穿处

对断路器开展三相合闸对地耐压试验，当施加电压至 20kV 时，图 3−15 所示箭头指向隔离插头触臂处发生电晕放电，检查发现触臂与断路器极柱间的绝缘包裹留有空气隙，无耐热硅胶涂抹。当施加电压至 38kV 时，图 3−15 中箭头指向断路器极柱底部处发生电晕放电，检查发现极柱底部环氧绝缘与手车底座间留有空气隙，未完全直接相连。当施加电压至 70kV 时，C 相断路器极柱下部与手车前面板间发生击穿，如图 3−15 中箭头所示，说明极柱环氧绝缘长时间运行老化后绝缘强度不足。

对断路器开展三相断口间耐压试验，当施加电压至 56kV 时，如图 3−15 中箭头所示，C 相断路器断口间外绝缘发生沿面闪络，说明极柱环氧绝缘长时间运行老化后绝缘强度不足。

352 开关柜的隔离插头触指瓣有明显铜绿现象，说明受潮严重。检查发现只有断路器隔室存在该现象，因为断路器隔室泄压盖板的通风孔只有两组且孔数少，通风效果差，但是电缆隔室除了常规加热除湿装置，还加装有两台冷凝除湿装置，母线隔室泄压盖板的通风孔在上次停电检修时人为增加了 2～4 组。

2. 结论与建议

建议在无法改变开关柜内元件布置的情况下，开展如下处理：

（1）更换开关柜内所有绝缘件，包括断路器极柱及触臂的环氧绝缘、触头盒、支柱绝缘子、穿柜套管等，要求厂家提供新购绝缘件的环氧材料材质分析报告和局部放电试验报告。

（2）增加断路器隔室泄压盖板的通风孔数量。

（3）高压隔室带电显示装置二次线缆的固定方式应重新选择。